SAME

The Same Planet

同一颗星球

PLANET

在 山 海 之 间

在 星 球 之 上

"同一颗星球"丛书

刘东
——主编

POST-GROWTH LIVING

For an Alternative Hedonism

Kate Soper

另类
享乐
主义

[英] 凯特·索珀 ——————— 著　何啸锋　王艳秋 ——————— 译　　　　🔺 江苏人民出版社

图书在版编目（CIP）数据

另类享乐主义/（英）凯特·索珀著；何啸锋，王
艳秋译. —南京：江苏人民出版社，2025. 1. （"
同一颗星球"丛书）. — ISBN 978 - 7 - 214 - 29468 - 5

Ⅰ. P467；B82 - 062

中国国家版本馆 CIP 数据核字第 2024GC8271 号

Post-Growth Living：For an Alternative Hedonism by Kate Soper
Originally published by Verso in 2020
© Kate Soper 2020
Translated and distributed by permission of Verso
Simplified Chinese copyright © 2024 by Jiangsu People's Publishing House
All rights reserved
江苏省版权局著作权合同登记号：图字 10 - 2021 - 83 号

书　　　　名	另类享乐主义	
著　　　者	[英]凯特·索珀	
译　　　者	何啸锋　王艳秋	
责 任 编 辑	康海源	
特 约 编 辑	周丽华	
装 帧 设 计	潇　枫	
责 任 监 制	王　娟	
出 版 发 行	江苏人民出版社	
地　　　址	南京市湖南路 1 号 A 楼，邮编：210009	
照　　　排	江苏凤凰制版有限公司	
印　　　刷	南京爱德印刷有限公司	
开　　　本	652 毫米×960 毫米　1/16	
印　　　张	14.75　插页 4	
字　　　数	150 千字	
版　　　次	2025 年 1 月第 1 版	
印　　　次	2025 年 1 月第 1 次印刷	
标 准 书 号	ISBN 978 - 7 - 214 - 29468 - 5	
定　　　价	68.00 元	

总　序

　　这套书的选题，我已经默默准备很多年了，就连眼下的这篇总序，也是早在六年前就已起草了。

　　无论从什么角度讲，当代中国遭遇的环境危机，都绝对是最让自己长期忧心的问题，甚至可以说，这种人与自然的尖锐矛盾，由于更涉及长时段的阴影，就比任何单纯人世的腐恶，更让自己愁肠百结、夜不成寐，因为它注定会带来更为深重的，甚至根本无法再挽回的影响。换句话说，如果政治哲学所能关心的，还只是在一代人中间的公平问题，那么生态哲学所要关切的，则属于更加长远的代际公平问题。从这个角度看，如果偏是在我们这一代手中，只因为日益膨胀的消费物欲，就把原应递相授受、永续共享的家园，糟蹋成了永远无法修复的、连物种也已大都灭绝的环境，那么，我们还有何脸面去见列祖列宗？我们又让子孙后代去哪里安身？

　　正因为这样，早在尚且不管不顾的 20 世纪末，我就大声疾呼这方面的"观念转变"了："……作为一个鲜明而典型的案例，剥夺了起码生趣的大气污染，挥之不去地刺痛着我们：其实现代性的种种负面效应，并不是离我们还远，而是构成了身边的基本事实——不管我们是否承认，它都早已被大多数国民所体认，被陡然上升的死亡率所证实。准此，它就不可能再被轻轻放过，而必须被投以全力的警觉，就像当年全力捍卫'改革'时一样。"①

的确，面对这铺天盖地的有毒雾霾，乃至危如累卵的整个生态，作为长期惯于书斋生活的学者，除了去束手或搓手之外，要是觉得还能做点什么的话，也无非是去推动新一轮的阅读，以增强全体国民，首先是知识群体的环境意识，唤醒他们对于自身行为的责任伦理，激活他们对于文明规则的从头反思。无论如何，正是中外心智的下述反差，增强了这种阅读的紧迫性：几乎全世界的环境主义者，都属于人文类型的学者，而唯独中国本身的环保专家，却基本都属于科学主义者。正由于这样，这些人总是误以为，只要能用上更先进的科技手段，就准能改变当前的被动局面，殊不知这种局面本身就是由科技"进步"造成的。而问题的真正解决，却要从生活方式的改变入手，可那方面又谈不上什么"进步"，只有思想观念的幡然改变。

幸而，在熙熙攘攘、利来利往的红尘中，还总有几位谈得来的出版家，能跟自己结成良好的工作关系，而且我们借助于这样的合作，也已经打造过不少的丛书品牌，包括那套同样由江苏人民出版社出版的、卷帙浩繁的"海外中国研究丛书"；事实上，也正是在那套丛书中，我们已经推出了聚焦中国环境的子系列，包括那本触目惊心的《一江黑水》，也包括那本广受好

---

① 刘东：《别以为那离我们还远》，载《理论与心智》，杭州：浙江大学出版社，2015年，第89页。

评的《大象的退却》……不过，我和出版社的同事都觉得，光是这样还远远不够，必须另做一套更加专门的丛书，来译介国际上研究环境历史与生态危机的主流著作。也就是说，正是迫在眉睫的环境与生态问题，促使我们更要去超越民族国家的疆域，以便从"全球史"的宏大视野，来看待当代中国由发展所带来的问题。

这种高瞻远瞩的"全球史"立场，足以提升我们自己的眼光，去把地表上的每个典型的环境案例都看成整个地球家园的有机脉动。那不单意味着，我们可以从其他国家的环境案例中找到一些珍贵的教训与手段，更意味着，我们与生活在那些国家的人们，根本就是在共享着"同一个"家园，从而也就必须共担起沉重的责任。从这个角度讲，当代中国的尖锐环境危机，就远不止是严重的中国问题，还属于更加深远的世界性难题。一方面，正如我曾经指出过的："那些非西方社会其实只是在受到西方冲击并且纷纷效法西方以后，其生存环境才变得如此恶劣。因此，在迄今为止的文明进程中，最不公正的历史事实之一是，原本产自某一文明内部的恶果，竟要由所有其他文明来痛苦地承受……"①而另一方面，也同样无可讳言的是，当代中国所造成的严重生态失衡，转而又加剧了世界性的环境危机。甚至，从任何有限国度来认定的高速发展，只要再换从全球史的视野来观察，就有可能意味着整个世界的生态灾难。

正因为这样，只去强调"全球意识"都还嫌不够，因为那样

① 刘东：《别以为那离我们还远》，载《理论与心智》，第85页。

的地球表象跟我们太过贴近，使人们往往会鼠目寸光地看到，那个球体不过就是更加新颖的商机，或者更加开阔的商战市场。所以，必须更上一层地去提倡"星球意识"，让全人类都能从更高的视点上看到，我们都是居住在"同一颗星球"上的。由此一来，我们就热切地期盼着，被选择到这套译丛里的著作，不光能增进有关自然史的丰富知识，更能唤起对于大自然的责任感，以及拯救这个唯一家园的危机感。的确，思想意识的改变是再重要不过了，否则即使耳边充满了危急的报道，人们也仍然有可能对之充耳不闻。甚至，还有人专门喜欢到电影院里，去欣赏刻意编造这些祸殃的灾难片，而且其中的毁灭场面越是惨不忍睹，他们就越是愿意乐呵呵地为之掏钱。这到底是麻木还是疯狂呢？抑或是两者兼而有之？

不管怎么说，从更加开阔的"星球意识"出发，我们还是要借这套书去尖锐地提醒，整个人类正搭乘着这颗星球，或曰正驾驶着这颗星球，来到了那个至关重要的，或已是最后的"十字路口"！我们当然也有可能由于心念一转而做出生活方式的转变，那或许就将是最后的转机与生机了。不过，我们同样也有可能——依我看恐怕是更有可能——不管不顾地懵懵懂懂下去，沿着心理的惯性而"一条道走到黑"，一直走到人类自身的万劫不复。而无论选择了什么，我们都必须在事先就意识到，在我们将要做出的历史性选择中，总是凝聚着对于后世的重大责任，也就是说，只要我们继续像"击鼓传花"一般地，把手中的危机像烫手山芋一样传递下去，那么，我们的子孙后代就有可能再无容身之地了。而在这样的意义上，在我们将要做出的历史性选择中，也同样凝聚着对于整个人类的重大责任，也就是说，只要我们继续执迷与沉湎其中，现代智人（homo sapiens）这个曾因智能而骄傲的物种，到了归零之后的、重新开始的地质年代中，就完全有可能因为自身的缺乏远见，而沦为一种遥远和虚缈的传说，就像如今流传的恐龙灭绝的故事一样……

2004 年，正是怀着这种挥之不去的忧患，我在受命为《世界文化报告》之"中国部分"所写的提纲中，强烈发出了"重估发展蓝图"的呼吁——"现在，面对由于短视的和缺乏社会蓝图的发展所带来的、同样是积重难返的问题，中国肯定已经走到了这样一个关口：必须以当年讨论'真理标准'的热情和规模，在全体公民中间展开一场有关'发展模式'的民主讨论。这场讨论理应关照到存在于人口与资源、眼前与未来、保护与发展等一系列尖锐矛盾。从而，这场讨论也理应为今后的国策制订和资源配置，提供更多的合理性与合法性支持"①。2014 年，还是沿着这样的问题意识，我又在清华园里特别开设的课堂上，继续提出了"寻找发展模式"的呼吁："如果我们不能寻找到适合自己独特国情的'发展模式'，而只是在盲目追随当今这种传自西方的、对于大自然的掠夺式开发，那么，人们也许会在很近的将来就发现，这种有史以来最大规模的超高速发展，终将演变成一次波及全世界的灾难性盲动。"②

所以我们无论如何，都要在对于这颗"星球"的自觉意识中，首先把胸次和襟抱高高地提升起来。正像面对一幅需要凝神观赏的画作那样，我们在当下这个很可能会迷失的瞬间，

---

① 刘东：《中国文化与全球化》，载《中国学术》，第 19—20 期合辑。
② 刘东：《再造传统：带着警觉加入全球》，上海：上海人民出版社，2014 年，第 237 页。

也必须从忙忙碌碌、浑浑噩噩的日常营生中，大大地后退一步，并默默地驻足一刻，以便用更富距离感和更加陌生化的眼光来重新回顾人类与自然的共生历史，也从头来检讨已把我们带到了"此时此地"的文明规则。而这样的一种眼光，也就迥然不同于以往匍匐于地面的观看，它很有可能会把我们的眼界带往太空，像那些有幸腾空而起的宇航员一样，惊喜地回望这颗被蔚蓝大海所覆盖的美丽星球，从而对我们的家园产生新颖的宇宙意识，并且从这种宽阔的宇宙意识中，油然地升腾起对于环境的珍惜与挚爱。是啊，正因为这种由后退一步所看到的壮阔景观，对于全体人类来说，甚至对于世上的所有物种来说，都必须更加学会分享与共享、珍惜与挚爱、高远与开阔，而且，不管未来文明的规则将是怎样的，它都首先必须是这样的。

我们就只有这样一个家园，让我们救救这颗"唯一的星球"吧！

刘东

2018 年 3 月 15 日改定

目 录

致 谢

为本书所做的思考可以追溯到很久之前。这番思考有一部分是来自我早先对于讨论人类需求与福祉的哲学的兴趣，以及苏塞克斯大学的研究生导师约翰·梅菲姆（John Mepham）和杰弗里·诺威尔·史密斯（Geoffrey Nowell Smith）给我的鼓励。从那时起，我关于消费和环境政治，特别是围绕"另类享乐主义"的论点演变，在很大程度上归功于与伦敦城市大学的哲学家和我在欧洲转型研究所的研究同仁的讨论。2004-2006年，我承担的"另类享乐主义，消费的理论和政治"研究计划，获得了经济和社会研究协会/艺术和人文科学研究协会针对"消费文化"项目的资助。我很感激这项资助，同时也感谢这个研究计划的共同研究者琳恩·托马斯（Lyn Thomas），她不仅提供了媒体支持，而且全程给予我思想支持和友谊。我同样要感谢"消费文化"项目的负责人弗兰克·特伦特曼（Frank Trentmann），感谢他有益的意见和建议，以及他在编辑上的协助。

我同样应该提到，在受邀担任客座教授或向会议提交论文的过程中的讨论给我的启发。邀请我的学校包括阿姆斯特丹大学、伊斯坦布尔比尔吉大学、哥本哈根大学、布达佩斯科维努斯大学、科罗拉多矿业大学、汉堡大学、爱尔兰国立大学戈尔韦和科克分校、林雪平大学、明斯特大学、奥洛穆茨帕拉茨基大学、奥斯陆大学、塔林大学、都柏林三一学院、斯德哥尔摩大学、乌普萨拉大学、乌得勒支大学。在英国，我要感谢以下院校：巴斯温泉大学、伦敦大学伯贝克学院、布莱顿大学、伦敦大学金匠学院、东伦敦大学、爱丁堡大学、兰开斯特大学、利物浦大学、曼彻斯特大学、纽波特大学、伦敦大学玛丽女王学院、罗汉普顿大学、伦敦大学亚非学院、斯特拉斯克莱德大学、沃里克大学、坎伯韦尔艺术学院、（达廷顿庄园的）普利茅斯艺术学院。我还要感谢环境、食品和乡村事务部的可持续发展委员会，蛇形画廊，韦尔科姆研究所，白教堂画廊。在这里，我特别感谢安德烈亚斯·马尔姆（Andreas Malm），他最初对我的工作感兴趣，并邀请我 2011 年到瑞典隆德大学的可持续发展社会和自然维度整合研究中心（LUCID Research Centre）担任客座讲师。由此，我与隆德大学，尤其是普芬道夫高等研究院建立了宝贵的关系。2014—2015 年，我在普芬道夫高等研究院担任"可持续福祉"研究计划的客座研究员。我尤其感谢当时的院长苏内·苏内松，研究计划的协调者马克斯·科克和奥斯卡·蒙特，我的共同作者玛丽亚·埃米琳，以及所有参与这项研究的人。我同样感谢现在的院长安-卡特琳·巴克隆德对我的持续关心。

我要感谢沃索出版社的罗西·沃伦，她首先说服我继续对另类享乐主义的写作。我要感谢我的编辑约翰·梅里克，他满怀热情，给予本书有益的指导。我的女儿马迪·赖尔在某些方面提供了极好的建议和补充,6 岁的外孙卡斯帕·罗亚-赖尔不是很看好创作本书的必要性,但他总体上对本书还是宽容的。如果有一个人是最应该感谢的,那就是马丁·赖尔。他一如既往地证明他是一位杰出的编辑,不停地找出我的论点的混乱之处,删除无用的修辞,改善我那笨拙的表述。鉴于他在多年围绕本书核心话题的讨论和共同写作过程中已经熟悉我要说的一切,他的所作所为更加令我感动。

罗德梅尔

2019 年 11 月

导　论

　　本书主要关注的是富裕社会的消费模式、该消费模式的转变，以及这种转变在塑造更加平等、可持续的全球秩序的过程中可能发挥的作用。本书认为，环保危机不能靠纯粹的技术手段来解决，而是需要那些更加富裕的社会努力转变它们的生活、工作、消费模式。各种绿色的科技和举措（可再生能源、退耕还草、退耕还林）将被证明是生态重建的重要工具，但前提是，这些举措要同一场文化革命结合起来。这场文化革命，将让我们重新思考繁荣，并且抛弃以增长为动力的消费主义。

　　大多数环保主义者都同意我的论点，尽管不是所有环保主义者都同意。我的论点的与众不同的特征在于，它体现了一种另类享乐主义：它反对把消费的必要转变视为一种牺牲和丧失快感的形式。恰恰相反，我认为，这些转变给了我们超越现有生活模式的机会。现有的生活模式不仅在环保层面是灾难性的，而且在许多层面是毫无快感的，是自我否定的，过于清教徒式地专注于工作和赚钱，牺牲了拥有更多时间、为自己做更多事情、更从容地旅行、消费更少物产所带来的乐趣。

关于减少消费的呼吁,常常被人们视为不受欢迎和权威主义的。可是,市场本身已经成了一种权威主义的力量——它命令人们牺牲或边缘化一切没有商业价值的事物;它迫使人们整天干着无聊透顶的工作,以生产那些他们通常不需要的物产;它垄断了关于"美好生活"的构想;它让孩子们准备好过一种消费生活。简而言之,我们需要挑战这样一种假设:当今这种工作压倒一切、不堪重负、时间稀缺、物质成为累赘的富裕生活,促进了人类的福祉,而不是损害了人类的福祉。更不用说,我们的消费对自然界的影响了。发达国家与其追求那些能让劳动力和消费支出无限持续的技术上的快速方案(无论如何,这些方案要么不太可能出现,要么会带来严重风险)①,还不如塑造一种亟需的另类进步模式,打破当前我们思考繁荣和福祉的方式。

不久前,科学家关于人为的全球变暖的警告,在很大程度上还未引起公众的重视。但是,2018 年 10 月—2019 年 5 月,我在创作本书的时候,情况有了很大变化。在这几个月里,气候变化和物种灭绝的危险得到了空前的宣传。乍看起来,包括英国在内的一些富裕国家,终于承认了这些问题。这是我始料未及的。许多其他学者、研究者、记者,以及非政府组织和进步的全球网络中的活动家,多年来一直围绕生态危机及

① 关于地球工程学、依赖"水力压裂法"制油、(某些环保主义者提倡的)扩大核能的风险,参见 T. Vettese, 'To Freeze the Thames: Natural Geo-Engineering and Biodiversity' (《冻结泰晤士河:自然地球工程和生物多样性》), *New Left Review*, 111, May – June 2018, pp.65; 71 – 76; S. Ribeiro, 'Against Geoengineering'(《反对地球工程》), *Jacobin*, 23 October 2018; 比较 'Explainer: Six ideas to limit global warming with geoengineering'(《解释者:用地球工程限制全球变暖的六个观念》), at: www.carbonbrief. org.

其方案进行调查、研究、报道、宣传。和他们一样，我已经习惯
了这些议题和抗争被主流媒体和政客轻描淡写。公众的目光
和关切的突然爆发，当然是件好事。但是，我害怕这种关切会
迅速消失，而且我依然怀疑这种关切能否导致亟需的政策转
变，把全球气温上升控制在 1.5°C 以下。这是巴黎气候变化
峰会所定下的排放目标（当我创作本书时，联合国世界气象协
会预测 21 世纪末气温将上升 3°C 以上）。① 不仅如此，虽然我
希望我的怀疑是错的，但是我怀疑，在气候变化造成最灾难性
后果的那些地方，对气候变化的报道今后依然是严重不足的：
目前，我们更容易看到关于航班被纽约拉瓜迪亚机场的洪涝
所干扰、用 2800 万美元修缮路障和排水沟的报道，而不容易看
到关于肆虐马达加斯加、埃塞俄比亚、海地的由气候变化引发
的粮食危机的报道。②

　　最重要的是，我怀疑，当前媒体对气候变化的高度关注能
否激起人们对我所谓的"繁荣的政治"的更多兴趣？在英国，
我们依然期待着，主流政治争论可以探讨一切劳动力和财富
的生产的目的，探讨这一套体系所维系的竞争性、进取性社会
是否提供了满足的生活方式。诚然，消费主义生活方式近来
备受批评，因为它带来了生态影响，特别是它所产生的碳排

---

① 气温上升 3°C—5°C，是联合国世界气象组织 2018 年 11 月的估计。数据来自
public. wmo. int；还可以参见 2019 年 9 月 22 日的报告，'Global Climate in 2015－2019：
Climate change accelerates'（《2015—2019 年全球气候：气候变化加速》）；比较 J.
Watts，'G20 nations still led by fossil fuel industry, climate report finds'（《气候报告发
现，二十国集团依然被化石燃料经济所引导》），*Guardian*, 14 November 2018；F.
Harvey，'Decade of "exceptional" heat likely to be hottest on record, experts say'（《专家
表示，几十年的"额外"升温有可能达到历史最高点》），*Guardian*, 3 December 2019.
② F. Pearce，'Climate Change Spells Turbulent Times Ahead For Air Travel'（《气候变化给
航班带来了不稳定因素》），*Guardian*, 19 February 2018；'Climate change "cause of most
under-reported humanitarian crises"'（《气候变化导致许多鲜为人知的人道主义危
机》），*Guardian*, 21 February 2019.

放、空气污染、塑料。消费主义生活方式也受到了应有的道德讨论和争议，因为它对外围经济体(peripheral economies)的劳动力和自然资源的剥削。① 不过，我们很少发现，消费主义在另类享乐主义的角度(它关注的是富裕的内在消极层面，以及富裕否定和消除了快感)上受到质疑。

在先前关于另类享乐主义的作品中，我认为(或许有些草率了)，即使消费主义生活方式的成功传播不受环保或道德的阻碍，即使消费主义生活方式不断扩展到每个人，人类的幸福和福祉也不会有所增加。如今，鉴于最近国际植保公约组织(IPPC)和联合国关于地球状况的报告，我们的任何讨论都必须强调，通过控制增长和转变消费以服从环境约束的紧迫性。一方面，我比过去更加强调重新思考消费的环保(因而也是道德)依据，另一方面，我曾经关注，在这本书中依然关注对另类享乐主义的重新思考所能提供的满足(gratifications)和成就形式(forms of fulfilment)。这两个方面并不矛盾。恰恰相反：我们越是迫切需要改变我们的方式，对享乐主义的批判就越重要。另类享乐主义为创造我们亟需的新的政治想象做出了重要贡献。因此，本书的主要目标是通过凸显后消费主义(最终是后增长)的生活方式可能带给我们的快感，来强化这种生活方式的环保和伦理依据。

我的论点注意到了当前人们对富裕生活方式的关注和不满的迹象。这种论点立足于人们已经体验到的矛盾心

---

① 对这种后果的评论，参见 J. Littler, *Radical Consumption: Shopping for Change in Contemporary Culture*(《激进的消费：为当代文化的变革而购物》), Milton Keynes: Open University Press, 2009. 消费文化对环境和社会的影响，在本书第 2 章做了详细论述。

理（ambivalence），并且试图把人们对不同生活方式的隐含诉求宣泄出来。与其说我是在抨击消费主义的过度，不如说我是在指出消费者本身的祛魅（disenchantments）。我考察了时间稀缺、污染、消费者的压力和亚健康，以及消费者对于"工作加消费"（work-and-spend）的生存模式侵蚀或取代快感这一现象的哀叹。虽然我也承认利他主义动机对于转向更简单和更可持续的消费方式的重要性，但是，我的讨论主要强调这种转向的利己主义动机。这种强调反映了我的观感：追求那些在采取更负责任的生活方式的过程中可能获得的事物，或许比渲染气候变化愈演愈烈的恐慌更加有效。我强调利己主义动机也是因为，对于未曾反映在人们自身的经验和回应中的需求（或欲求），我不想做出道德论断。如今已经成为经典的《增长的极限》的作者们或许说得对，他们认为"人们需要身份、共同体、挑战、承认、爱、欢乐"，而且他们认为：

> 用物质的东西来满足这些需求，是不停地用错误的办法来解决真正的、永远得不到满足的问题。由此产生的心理空虚感，是对于物质增长的欲望背后的一大动力。一个能容许并清楚表达它的非物质需求、并且找到非物质方式来满足这些需求的社会，只需要低得多的物质和能量产出，就能提供更高水平的人类成就感。①

---

① D. L. Meadows, D. H. Meadows, J. Randers and W. Behrens III, *The Limits to Growth*（《增长的极限》）, New York: Universe Books, 1972, p. 216.

　　不过,一个人主张知道什么是"真正的"需求是一回事,参考人们的实际经验来证明这一主张是另一回事,阐明能够让这些需求得到集体承认和实现的转型手段(transitional means)更是另一回事。因为我深知这些困难,所以,我不愿意在没有任何证据的情况下归纳或强加一套消费者偏好结构。因此,我的讨论从对关切的表达,转向了对另类满足结构(alternative structure of satisfactions)的描述,而不是先预设对这种另类结构的需求,然后在一种理论空白中四处寻找可能体验到这些需求的消费者。

　　话虽如此,我也确实更加坚定地指出,富裕社会必须与以金钱为动力的、高速的进步观带来的社会和环境剥削一刀两断,探索能够实现创造性的、非单调的生活的破坏性较小的方式。这意味着我们要向下列事物开放:对于消费供给形式的新形式的所有权和控制;更多的自给自足、缝缝补补、精打细算;更加绿色的旅行方式;以及更一般地说,一种不以新潮和时尚为动力的满足物质需求的方式。对一些人来说,这意味着干更少的工作,从而有更多的自由时光;对另一些人来说,这或许意味着以不同方式和不同节奏工作。这或许意味着恢复一些古早的、舒缓的生活方式,即使我们同时用最新兴和最智能的绿色技术来供给能源以及医药、交通、农业、建筑等关键领域。在这个过程中,广告对于享乐主义想象的垄断、对于美好生活的描述,必须让位于一种物质文化的绿色美学。在这种美学中,制造污染和浪费的商品将无人问津。

　　我没有信心说这种变化一定会发生。但是,我认为,如果我们想要纠正对环境最严重的滥用,遏制失控的全球变暖,有效地解决(民族国家内部和全球性的)剥削和不平等,那么,更加富裕的社会需要接受一种不那么扩张的、更加可再生的(reproductive)物质生活方式。我的意思是,他们必须同意,减少依靠商品的更新和换代来供给更加基本的物质需求(食品、家庭用品和家具、服装、玩具、运动和娱乐设备,等等)。但是,作为回报,他们可以期望拥有更多的闲暇时光,以及享受这种时光的文化和娱乐供给。而且,虽然更加可再生的物质文化提供了更少、更不迷人的商品,但是,它的优点是让商品更加耐用,并且消除了商品固有的易过时性,从而减少了浪费。在倡导这些发展时,我也反对现在左派当中流行的后资本主义、后工作(post-work)的未来的高科技乌托邦愿景,反对这种愿景的反人类主义的精神、对将要取代工人的自动化水平的信任、对消费的相当正统的看法①。与此相反,我认为,未来不仅要有更多自由时光、更不传统的享受自由时光的方式,而且要有更具成就感的工作方式。

综上所述,基于我们对资本主义"进步"所摧毁的生态友好的实践和快感的怀念与赞许,本书反映了这样一种观感:我们需要反抗时代优先论(chronocentrism),因为它拒绝正视能够帮助我们塑造更可取、更快乐的未来的旧资源。虽然我并不提倡不加反思的怀旧或哀歌式的逃避,但是,我推崇这样一种文化政治:它既摆脱了前现代社会的贵族和父权关系,但又试图以全新的形式恢复古早的生活方式的某些有成就感的、可持续的层面。它的目的是开创一种生态友好的政治,它既

————————

① 对这种左派愿景的提及和讨论,尤其参见本书第4章。

不是不加批判地热衷于技术,也不是过度地"回归自然",而是立足于新的工作和休闲方式,以及这些方式提供的感官和精神快感。

这些举措当然与新自由主义意识形态的举措截然相反。事实上,它们意味着与我们目前所知的资本主义一刀两断,而且至少要求一种高度管控下的资本主义。它们意味着重新思考我们目前对增长的承诺,以及以增长为动力的进步和繁荣概念。这种承诺是如此根深蒂固,以至于最近的一项媒体研究发现,每五篇关于经济的文章中就有四篇认为可以使用关于经济增长的正面语言,而不具体说明它的优势是什么①。在富裕的经济体中,这种视角是特别极端的。正如一位评论者所说,把增长等同于进步的观念

> 似乎让一些人认为,全世界更多人正在适度改善其健康、教育和购买力的迹象,要比 100 年后地球是否宜居的议题更加重要。换句话说,按照这种观点,我们产生的变化会不会导致我们这个物种灭绝,更多人是不是会活得更长、在学校待得更久、能够比他们的父母消费得更多,这些似乎都不重要。②

---

① 在这项媒体研究中,不增长的经济体通常被视为创造了一个惨淡和停滞的空间。这项研究发表于 J. Lewis, *Beyond Consumer Capitalism: Media and the Limits to Imagination*(《超越消费资本主义:媒体与想象力的局限》), Cambridge: Polity Press, 2013, pp. 124 – 178.

② A. Hornborg, *Nature, Society and Justice in the Anthropocene: Unravelling the Money-Energy-Technology Complex*(《人类世的自然、社会与正义:打破货币—能源—技术的联结》), Cambridge: Cambridge University Press, 2018, p. 42.

依然把进步等同于不停的经济增长、消费文化的扩张、充分就业的人，会认为本书表达的观点是异想天开，而且把本书的建议视为乌托邦。但是，越来越多的人（政治上的代表是绿党，以及左派的一部分人）认为，今天追求最终无法实现的议程的人恰恰是主流政客和支持他们的媒体。对于这类人，本书是更有吸引力的。但是，本书也是另一类人的讨论和信息来源：不管这类人他们在政治光谱中处于什么位置，他们都开始感到关于进步本质的旧的确定性和假设正在瓦解，而且这些假设必须让位于一种更适合我们时代的"繁荣的政治"。

本书也是为了呼吁马克思主义左派重新思考他们对消费的政治重要性的贬低，并且抛弃他们不愿意在当代想象后资本主义生活方式的心态。在这一背景下，我把另类享乐主义视为一种新的政治想象或福祉构想背后的动力。这种政治想象或福祉构想，与左翼政党和社会运动的论点和愿景有关，也与通过商品、服务和技能的分享、回收和交换网络来超越主流市场供给的各种倡议有关。与此同时，我强调，生态危机提出的诉求，不能成为现有的政党纲领的补充，也不能成为通常的政治优势斗争的对象。正如扬·穆利耶·布唐（Yann Moulier Boutang）所说：

> 绿色诉求（green demands）的自主性——它们不能被简化为某个局势下的可调整变量——不是争夺选举优势的秘诀；它是一种伦理和政治的必要性，为任何希望实现社会变革的左翼政党的身份奠定了基础。现在出现的……是一种新的律令，它能够把激

进派和改革派的领域联合起来,让直接的、重大的绿
色变革成为政治的驱动力……直接的社会变革之所
以是必要的,是因为除非民众自己动员起来,否则哪
怕最小的绿色变革纲领也不可能得到实施……如果
我们决定这种变革是不可能的,那么唯一的选
择……将会是"开明的"专制政权……没有激进的民
主和直接的社会变革因素,就不会有动员。①

为本书所做的思考已经持续多年,并且在政治和文化背
景(它们本身经历了关键的变化和演变)下经历了愿景和侧重
点的关键转变。但是,鉴于社会变革的日益迫切的需求,鉴于
我希望它能够为实现变革所需的动员做出贡献,所以,我很快
写成了本书。

---

① Y. Moulier Boutang, *Cognitive Capitalism* (《认知资本主义》), trans. E. Emery, Cambridge and Malden, MA: Polity Press, pp. 174 – 175.

第一章

社会、自然、消费

　　研究人员和报告他们研究结果的人几乎每天都在发出严厉警告，如果世界继续以目前的速度升温，将会发生前所未有的恐怖。畅销书《不宜居住的地球》最近发出了一些警告。在这本书中，大卫·华莱士－威尔斯（David Wallace-Wells）列举了火灾和洪灾、饥荒和瘟疫、臭氧烟雾和海洋死亡，它们将折磨我们，并且带来社会混乱和经济崩溃。他告诉我们，即使气温只升高 2℃（这是最好的情况）：

　　　　冰层也将开始分解，至少 4 亿人将遭受缺水之苦，地球赤道地区的大城市将变得不宜居住，即使在北纬地区每年夏天的热浪也将杀死数千人……如果气温升高 3℃，南欧将面临持续干旱，中美洲平均面临 19 个月的干旱，加勒比地区的干旱至少持续 21 个月。在北非,这个数字长达 60 个月以上——整整 5 年。每年被野火烧毁的面积在地中海地区将增加一倍,在美国将增加六倍以上。如果气温升高 4℃,仅拉丁美洲每年就会多出 800 万例登革热病例⋯⋯在某些地方,六种气候导致的自然灾害可能同时发生,全球的损失可能超过 600 万亿美元⋯⋯是当今世界财富的两倍多。[1]

无怪乎全球变暖的危险是现在大量讨论自然环境及人类与自然关系的论著中占压倒性优势的问题。不过,另一类较少末日口吻的自然论著也明显变多了:它们歌颂乡村和荒野自然的美丽和重要性,呼吁我们认识和重建我们与其他动物的亲缘性。这两类文献不断提供至关重要的、以各种方式警告和感动人们的证据;而且它们都使公众对这些议题的认识发生了重大转变,并有助于把环境作为政府和政策制定的一个必不可少的参考点。但是,这两类论著都倾向于不对环境危机的罪魁祸首,即日常消费实践进行任何严肃而持续的考察[2]。更加危言耸听的文献往往假设目前的消费和生活方式将继续是无节制的,或者当它们必须受到节制时,它们将

---

[1] D. Wallace-Wells, *The Uninhabitable Earth: A Story of the Future*(《不宜居住的地球:未来的故事》), London:Allen Lane, 2019. 本书的梗概,参见他的文章,发表于 *New York Magazine*, 17 July 2017. 同样参见 J. Hansen, *Storms of my Grandchildren: The Truth about the Coming Climate Catastrophe and Our Last Chance to Save Humanity*(《我们后代面临的暴风雨:未来气候灾难的真相与拯救人类的最后机会》), London:Bloomsbury, 2009.

[2] 在这里,我跳过了去增长经济学家的著作和更普遍的去增长运动,以及现在相当广泛的关于道德消费和可持续福利的文献。现在,生态批评家也有一系列立场,并非所有人都对强调与自然的接触感到满意。参见 G. Gerrard, *Ecocriticism*(《生态批评》), London:Routledge, 2004, p.168f; M. H. Ryle in *Green Letters*, vol. 10, 2010, pp. 8 – 18; M. H. Ryle and K. Soper, eds, *Green Letters*, vol. 20, 2, 2016, pp. 119 – 126.

是不可取的、对我们有害的。例如，华莱士-威尔斯说，在最好的情况下，我们"生活在一个被我们亲手毁坏的世界，人类的前途黯淡无光"[1]。按照这种思维方式，人工地球工程、碳捕获、提供零排放能源的革命性方法，这些技术是避免灾难的唯一现实途径——而且，即使它们能保证我们继续存活下去，生活也将失去许多乐趣[2]。无论是 E. O. 威尔逊（E. O. Wilson）提出的"半个地球"退耕还草计划，还是苏黎世联邦理工学院提出的"2000 瓦社会"，这些更加自然的地球工程计划的倡导者都提醒我们这些计划将带来的紧缩和牺牲，而没有注意到它们为更愉悦的生活方式开辟道路的潜能[3]。在另一些情况下，当研究人员为消费提供直接指导时，这种指导要么太笼统（"更有效地利用能源"，"减少食物浪费"），要么适用范围太有限（"回收废品"，"抛弃塑料吸管"）。他们也没有提出替代方案，取代那种对人类需求和快感的富裕的消费主义理解。虽然回想起大自然的美丽和价值可以鼓励人们更

---

[1] D. Wallace-Wells, *The Uninhabitable Earth: A Story of the Future*（《不宜居住的地球：未来的故事》），p. 34. 有一类人对无节制的消费做出了类似的推测，他们认为某种由生态导致的社会崩溃现在已经不可避免，我们应该集中精力为这场崩溃做准备（对此的阐述和批评，参见 S. Pirani, 'Disaster environmentalism 1: looking the future in the face'（《灾难环保主义：直面未来》），5 December 2019, peopleandnature. wordpress. com）

[2] 就像华莱士-威尔斯说的，这是一个由技术提供的"天外救星"。D. Wallace-Wells, *The Uninhabitable Earth: A Story of the Future*（《不宜居住的地球：未来的故事》），p. 34.

[3] "半个地球"倡议，是把地球 50%土地还给大自然，从而阻止灾难性的物种流失和灭绝。参见 E. O. Wilson, *Half-Earth: Our Planet's Fight for Life*（《半个地球：我们星球的生存斗争》），New York: Liveright, 2016；苏黎世倡议，是让富人减少一定量的能源消费，把穷人的能源消费提高到两倍或三倍，从而实现人均 2000 瓦的能源消费。参见 E. Jochem, ed., *Steps Towards a Sustainable Development: A White Book for R&D of energy-efficient technologies*（《走向一种可持续发展：高效节能技术研发白皮书》），Zürich: Novatlantis, March 2004。对这两种方案的讨论，参见 T. Vettese, 'To Freeze the Planet'（《冻结这个星球》），*New Left Review*, May – June 2018, see esp. pp. 66 – 81.

多地欣赏动植物、田园风光、湿地和荒野，但是，这种欣赏不妨碍人们继续以威胁自然环境和破坏其支持系统的方式进行消费。我们不妨想想生态旅游者的飞行模式，想想生态批评家从一场会议到另一场会议的环球旅行，或者只需要想想前往风景名胜和自然保护区的汽车数量。还有一种风险是，对全球变暖和紧迫的环境灾难的持续关注（由此而来的机构会议、有害的极地考察、学术研讨会等都需要大量的飞行）反而助长了生态绝望，而不是促使我们采取行动。无论如何，我的观点（这也是本书的总体导向）是，绿色思想和绿色论著目前过于关注自然世界的枯竭，今后需要更少关注对自然的破坏以及这种破坏对（据说不可改变的）消费主义生活方式的影响，更多关注人类政治文化及其重建。批判的目光应该集中在富裕社会中人类作为生产者和消费者的活动；而且它必须为我们（为了认真对待生态可持续性）需要采用的截然不同的消费和集体生活形式提出一种更诱人的愿景。我们的主要目的必须是，挑战资本主义增长经济及其创造的消费文化的所谓的自然（即不可避免的、非政治的）演变，消除那种认为发展对人类福祉至关重要的观点，并且说明没有发展我们会更加繁荣。

把资本主义去自然化

安德烈亚斯·马尔姆、阿尔夫·霍恩堡（Alf Hornborg）、杰森·摩尔（Jason Moore）把我们的关注重新转向工业历史，特别是资本主义作为一种生产方式的特殊性以及它对于人为全球变暖的促进作用①。在这样做的过程中,他们从不同角度和不同侧重点,重申了马克思对资本主义的讨论中最重要的主题之一,即他对资本主义特殊性的坚持。马克思认为,所有的生产形式都涉及人类与自然的互动,而且在这个意义上所有生产时代具有某些共同的特征。但是,"构成它的发展的恰恰是有别于这个一般和共同的差别。对生产一般适用的种种规定必须要抽出来"。只有我们恰好抛开了使"生产工具"、"积累的劳动"成为资本的"那个特殊",我们才能把资本(为实现利润对劳动力的投资)视为"一般的、永存的自然关系"。②。但是,一个半世纪过去了,资本主义对经济的自然化照样深深嵌入当前的话语中——或许更加根深蒂固了,因为苏联共产主义消亡之后新自由主义的拥护者完全可以说全球化资本主义是唯一选择,是人性固有的选择(因为他们广泛地误用神经科学来解释人类行为,所以他们更容易得出这一立场)③。新自由主义的辩护者把与资本主义积累有关的生产主义动力——一段特殊历史的产物——投射到一般的人类生产活动之上。但是,就像马克

---

① A. Malm, *Fossil Capital: The Rise of Steam Power and the Roots of Global Warming*(《化石资本:蒸汽动力的兴起和全球变暖的根源》),London:Verso, 2016;*The Progress of this Storm: Nature and Society in a Warming World*(《这场暴风雨的进展:变暖世界的自然与社会》),London:Verso, 2018; A. Hornborg, *Global Ecology and Unequal Exchange: Fetishism in a Zero-Sum World*(《全球经济与不平等交换:零和世界中的拜物教》),Abingdon:Routledge, 2011; *Global Magic: Technologies of Appropriation from Ancient Rome to Wall Street*(《全球魔法:从古罗马到华尔街的占有技术》),London:Palgrave, 2016; *Nature, Society and Justice in the Anthropocene: Unravelling the Money-Energy-Technology Complex*(《人类世的自然、社会与正义:打破货币—能源—技术的联结》). J. Moore, *Capitalism in the Web of Life*《生命网络中的资本主义》,London:Verso 2015.

② K. Marx, *Grundrisse*, Penguin:Allen Lane, London, 1973, pp. 85 – 86.(作者引用的英译文与马克思的原文有出入,中译文采用的是《马克思恩格斯全集》第46卷上册,人民出版社,1979年,第22页。——译者注)

③ 希拉里·罗斯和史蒂夫·罗斯认为,神经科学将单一大脑作为身份的根源,这种做法进一步推动了社会生物学和演化心理学的主张,即基因决定了我们是个体主义的和竞争性的。H. Rose and S. Rose, *Can Neuroscience Change Our Minds?*(《神经科学可以改变我们的大脑吗?》)Cambridge:Polity Press, 2016.

思所说,我们不需要也不应该把物质财富的生产视为生活的主要目的。正如路易斯·安杜埃萨(Luis Andueza)所说:

> 在资本主义中,无论是人,还是人与人的社会关系,都成了生产物品的手段,这一事实恰恰是马克思眼中整个系统的反常之处,而这些社会关系被商品形式所混淆和割裂的方式是他的拜物教批判的核心。经济形式相对于其动态的人类内容的明显自主性和优先性,是构成资本主义文明的倒立(topsy-turvyness)的原因。①

对资本主义优先性的自然化也隐含地表示,地球现在面临的生态灾难是人类经济活动几乎不可避免的副产品,同时却无视一种特殊生产方式的具体影响。

当人们使用人类世(Anthropocene)这一概念时,也做出了类似的回避和遮掩。那些使用这个概念的人不总是承认化石燃料经济的发展在多大程度上服从于资本主义的优先性,也不总是承认其他生产方式是较少破坏性的,或可能是较少破坏性的。他们往往对环保争议的漫长历史和几十年前的生态灾难警告闭口不谈。如今据说已经成为地质塑造力量的人类(Anthropos)是极其不具体的:这个术语绝口不提不同国家、阶级、个体的截然不同的生态足迹(ecological footprints)。正如克里斯托夫·博纳伊(Christophe Bonneuil)和让·巴蒂斯

---

① L. Andueza, 'Value, Struggle and the Production of Nature'(《价值、斗争与自然的生产》), paper to the World Ecology Network Conference, Durham, 15 – 16 July, 2016.

特·弗雷索(Jean-Baptiste Fressoz)在对这些议题所做的有益的历史调查中所说:"今天人们可以写一整本讨论生态危机、自然政治、人类世以及盖亚的处境,同时却几乎不提资本主义、战争或美国,甚至不提一家大公司的名字。"[1]他们提醒我们警惕那些"人类世的宏大叙事",它们对人类和地球系统的互动的冠冕堂皇的关注安慰了地球上的少数人,忽视了过去和现在的公民社会的环保知识和行动主义,而且支持气候科学专家的技术官僚管理主义[2]。他们认为:

> 当我们考虑[环保主义者的]反对意见的多样性和普遍性,以及环境反思的强度随着时间的推移,主要的历史问题似乎不是解释新的"环保意识"的出现,而是理解这些斗争和警告如何被工业家和"进步"精英保持在边缘位置,随后被遗忘殆尽……因此可以说,我们生活在人类世这一发现只是最近的事。[3]

杰森·摩尔提出了类似的批评。他认为,把人类命名为一个集体作者,是错误地赞同一种从资本、阶级和殖民主义中抽出来的稀缺性概念;一种新马尔萨斯主义的人口观;以及一种针对历史变革的技术修复进路。在穆尔看来,我们更应该谈论资本世(Capitalocene)时代,而不是接受人类世意识形态

---

① C. Bonneuil and J. -B. Fressoz, trans. D. Fernbach, *The Shock of the Anthropocene*(《人类世的冲击》), London:Verso, 2017, p. 68, and see esp. pp. 148 – 252.

② C. Bonneuil and J. -B. Fressoz, *The Shock of the Anthropocene*(《人类世的冲击》), p. 71; pp. 79 – 87.

③ C. Bonneuil and J. -B. Fressoz, *The Shock of the Anthropocene*(《人类世的冲击》), p. 287, 尤其参见 pp. 253 – 287.

所促成的还原论解释①。阿尔夫·霍恩堡不太愿意直接取代资本主义,他指出(至少苏联时代的)社会主义同样积极推广化石燃料经济。但是,他也认为,把我们目前的时代称为人类世有忽视资本主义不平等的风险,而且可能让人以为气候变化是我们这个物种的构成方式的必然结果。他写道:"虽然资本主义的潜能是我们这个物种固有的,但它不是我们生物构造的必然产物,也不是我们负有全部责任的事情。"②他还认为,人类世的困境迫使我们接受,我们现代思想体系的某些方面是对我们所处的生物—物理世界的非常糟糕的反映——这种观点,是在他批评资本主义开创的技术的非自然性,批评技术和货币掩盖了全球经济中极其不对称的生物—物理资源流动的不公正现象的过程中,逐步发展起来的③。霍恩堡认为,现代全球化技术"不仅在政治上中立地揭露了自然固有的可能性,而且本身就是不平等的社会关系的产物"④。我们不应该把技术"进步"仅仅视为衡量创造力的指

---

① 但是,在否认自然与社会之间有明确的分析性区分时,穆尔关于人类和非人类自然在创造资本主义基体(或他所谓的 oikeia)时"捆绑"在一起的论点,完全过于含糊。就像我在别的文章中说的,穆尔一方面指控那些轻易赞同自然和社会的持续互动、从而赞同资本主义关系中环境塑造的历史性的思想家是错误的"笛卡尔式二元论",另一方面没有区分他对"自然"和"社会"二元观念的持续依赖与对二者的"笛卡尔式"误用,这种做法是一种乞题论证(K. Soper, *Radical Philosophy*, 197, May – June 2016)。马尔姆对穆尔就没这么客气了,他说,在关于自然—社会之分的"枯燥的语义学争论背后",潜藏着一种"披着马克思主义外衣的任意的大杂烩"。A. Malm, *The Progress of this Storm: Nature and Society in a Warming World*(《这场暴风雨的进展:变暖世界的自然与社会》),p. 181. 关于对穆尔的更全面批评,参见 A. Hornborg, *Nature, Society and Justice in the Anthropocene: Unravelling the Money-Energy-Technology Complex*(《人类世的自然、社会与正义:打破货币—能源—技术的联结》), pp. 203 – 208.

② A. Hornborg, *Nature, Society and Justice in the Anthropocene: Unravelling the Money-Energy-Technology Complex*(《人类世的自然、社会与正义:打破货币—能源—技术的联结》), p. 191.

③ A. Hornborg, *Nature, Society and Justice in the Anthropocene: Unravelling the Money-Energy-Technology Complex*(《人类世的自然、社会与正义:打破货币—能源—技术的联结》), pp. 9 – 11.

④ A. Hornborg, *Nature, Society and Justice in the Anthropocene: Unravelling the Money-Energy-Technology Complex*(《人类世的自然、社会与正义:打破货币—能源—技术的联结》), pp. 28.

标,而且应该把它视为一种占有的社会策略。在这种模式中,当然是那些新殖民化外围而不是新帝国化中心的人们,更多地遭受环境枯竭的后果。真正的进步是认识到"工业革命以来,经济增长和技术进步已成为把工作量和环境负担转移到其他人和其他场所的极其有效的策略。如果把它们视为实现这种转移的策略,那么它们就属于包括奴隶制和帝国主义在内的社会安排的范畴"①。在一番更深入的分析之后,我们会打消长期不平等交换导致的生态"债务"可以用货币术语来理解的想法:"货币不能抵消物理意义上的生态破坏。虽然用货币补偿环境破坏可以减少当代的不满,但是,认为可以计算出'正确的'的赔偿,或者这些赔偿会以某种方式搞定一切,这是痴心妄想……打个比方,英国生态债务就像它对西非奴隶后代的债务一样无法量化。"②

与上述论点非常有关的是,针对关于资本主义主导权及其对化石燃料的追求(英国引领了这种追求,它在 1825 年占全球二氧化碳排放量的 80%,25 年后占 60%)的技术决定论解释,安德烈亚斯·马尔姆进行了反直觉的批评③。与那种堪称人类世普罗米修斯神话的观点(马克·莱纳斯等人认为,人

---

① A. Hornborg, *Nature, Society and Justice in the Anthropocene: Unravelling the Money-Energy-Technology Complex*(《人类世的自然、社会与正义:打破货币—能源—技术的联结》), pp.30f.

② A. Hornborg, *Nature, Society and Justice in the Anthropocene: Unravelling the Money-Energy-Technology Complex*(《人类世的自然、社会与正义:打破货币—能源—技术的联结》), pp.59.

③ A. Malm, *Fossil Capital: The Rise of Steam Power and the Roots of Global Warming*(《化石资本:蒸汽动力的兴起和全球变暖的根源》), p.13(二氧化碳排放量在 1760—1870 年期间从 5000 吨上升到 60000 吨,英国在 1850 年的排放量几乎是美国、法国、德国、比利时时总和的两倍)。比较 C. Bonneuil and J. -B. Fressoz, *The Shock of the Anthropocene*(《人类世的冲击》), p.116f.

类世是火的发现的必然后果)①相反,马尔姆(呼应了马克思)强调,某件事的必然条件不一定是它的原因。操纵火的能力是化石燃料经济的必然条件,但不是它的原因,最重要的原因是拥有生产资料并选择用蒸汽动力取代水力的资本家的决定。马尔姆认为,虽然蒸汽动力这一选项更加昂贵,但是它胜出了,因为它更适合资本主义生产关系,尤其是资本家对私有财产和个体所有者和管理者的独立性的偏好。这种偏好导致资本家们抵制要求棉花大亨互相合作的安排。不仅如此,蒸汽机需要并且得益于蓬勃发展的城市化,更适合对工人进行去技能化,以及施加更强的纪律和控制。马尔姆还证明,虽然遭到强烈反对,但是化石燃料经济一直受到青睐。在 19 世纪,英国工人抵制蒸汽机所施加的劳动过程;在帝国统治下,印度工人被迫从事煤矿开采。今天,工人们继续抵制被迫从事化石燃料的开采和使用。例如,在厄瓜多尔、玻利维亚和拉丁美洲其他地方,存在着对新采掘主义(neo-extractivist)压力的强烈而广泛的抵抗——这种抵抗往往基于与反抗殖民主义和新帝国主义(最初是欧洲人,然后是美国)的历史密切相关的本土政治。这些社区一直处于无情的殖民进程的最末端,殖民化进程试图建立全球化和种族化的化石燃料经济,并通过最严厉手段镇压反对它的企图:谋杀,军事化,土地掠夺,驱赶民众,以及(导致生活贫困并且迫使本土社区廉价地为工业

---

① M. Lynas, *The God Species: Saving the Planet in the Age of Humans*(《上帝的物种:在人类时代拯救地球》),London:National Geographic Society, 2011. 关于英国工业和殖民主义总体造成的破坏的更全面报告,参见 pp. 228 – 241. 对于穆尔、马尔姆等人的人类世批判论著的书评,参见 B. Kunkel, 'The Capitalocene'(《资本世》),*London Review of Books*, vol. 39, no. 5, 2 March 2017, pp. 22 – 28.

工作的)生态破坏①。

因此,无疑是对利润和权力的贪婪强加了——而且继续强加——化石燃料经济,排除了更加生态友好的替代品。在这个过程中,生命遭到摧残,环境遭到破坏,地球气候也改变了。我们最近了解到,埃克森美孚和壳牌公司早在1980年代初就从他们的研究人员那里得知,化石燃料的碳排放将在21世纪中叶导致灾难性的全球变暖,但他们向消费者和政府掩盖了证据②。此后情况也没有多大变化:北美地区目前出资修建了全世界处于不同进度302条管道中的51%(仅在美国,这些管道的产量在2040年前将增加5.59亿吨碳排放)③。2018年联合国关于《巴黎协定》以来推行的变革的进展报告的作者谈到"化石燃料行业对廉价可再生能源的一场大战役。旧经济严阵以待,而且他们对政府施加巨大的游说压力,要求政府拿税收补贴旧世界"④。二十国集团国家助纣为虐,在2007—2016年期间把化石燃料补贴从750亿美元(580亿英镑)增加

---

① 这些反抗通常采取的形式是,与某个强加的"发展"计划(比如化石燃料或矿产开采)及其带来的土地权、水源流失和污染、人权、文化退化等影响做斗争。围绕这些斗争的话语,也体现了对于人类在自然内部(而不是孤立于自然并且支配自然)的更广泛的原住民"宇宙观",以及与其他生态力量(实际上,与其他人类)和谐共处的必要性。参见 E. Galeano, *The Open Veins of Latin America: Five Centuries of the Pillage of a Continent*(《拉丁美洲被切开的血管:对一块大陆五个世纪的掠夺》), trans. C. Belfrage, New York: Monthly Review Press, 1973 (25th anniversary edition, 1997); E. Gudynas, 'Buen Vivir: Today's Tomorrow' (《美好的生活:今天的明天》), *Development*, vol. 54, 4, 2011, pp. 441–447; J. Martinez-Alier, *The Environmentalism of the Poor: A study of Ecological Conflicts and Valuation*(《穷人的环保主义:对生态冲突和估值的研究》), Cheltenham: Edward Elgar, 2003.

② B. Franta, 'Shell and Exxon's secret 1980s climate change warnings'《壳牌和埃克森美孚1980年代的气候变化警告》, *Guardian*, 19 September 2018.

③ As reported by Global Energy Monitor in O. Milman, 'North American Drilling Boom Threatens Major Blow to Climate Efforts'(《北美钻井热潮沉重打击了气候努力》), *Guardian*, 25 April 2019.

④ J. Watts, 'G20 nations still led by fossil fuel industry, climate report finds'(《气候报告发现,二十国集团依然被化石燃料经济所引导》), *Guardian*, 14 November 2018.

到 1470 亿美元(1140 亿英镑),使公司能够与廉价的可再生能源竞争[1]。消费者同样助纣为虐,他们继续他们对内燃机的喜爱,抵制提高化石燃料税的努力。

反对后人类主义对生态政治的建议

强调各种经济形式和范畴是有历史的、资本主义不过是一种可能生产模式,也是强调维持自然(被视为一种独立实体、一切人类活动的永久基础)与社会维度(以及它对人类活动形式的政治和文化制约)的分析性区分。按照这种理解,自然让我们看到作为任何人类实践(无论多么雄心勃勃)的条件和约束的永远存在的力量和因果效应。

不管提出何种反对意见,这种意义上的自然的独立本体论现实,是无可争议的。正如我在《什么是自然?文化、政治和非人类》一书中说的,承认这种意义上的自然的现实,以及自然与社会和文化制度的区分,对于各种可感环境的生态话语的自洽,以及关于基因工程或文化对人类的"建构"或制约(无论是身体的还是心理的)的主张,都是不可或缺的[2]。像马尔姆和霍恩堡强调的,这也是避免对全球经济的拜物教式构想(它错误地定位了不公正和环境破坏的真正来源)的关键。我们

---

[1] D. Carrington, 'G20 public finance for fossil fuels "is four times more than renewables"' (《二十国集团对于化石燃料的财政投入是可再生能源的四倍》), *Guardian*, 5 July 2017. 但是,我们同样应该警惕可再生能源本身发展过程中的新帝国主义动力——例如,外国公司在突尼斯建造大型太阳能发电厂。比较 M. Berger, 'Turning On Solar Power in Tunisia'(《在突尼斯启动太阳能》), usnews.com, 29 May 2018.

[2] K. Soper, *What is Nature? Culture, Politics and the Non-Human*(《什么是自然?文化、政治与非人类》), Blackwell: Oxford, 1995;尤其参见 pp. 149 – 179.

需要质疑主流假设,即技术是"自然的"而经济纯粹是"社会的"。但是,为了做到这一点,我们必须首先维持自然与社会的分析性区分。这就要求我们抵制当代文化理论中一些更加非理性的、新泛灵论的倾向。不管提出何种反对意见,我们都应该抵制最近许多后人类主义思想提倡的将自然纳入文化或将文化纳入自然的做法,它们对于环保讨论是无益的。按照后人类主义者的观点,对生态议题的共情回应要求我们抛弃自然—文化二元论,以及这种二元论所支撑的人类中心主义态度。在强调一切生物的关系性和连续性的过程中,后人类主义者呼吁模糊或瓦解他们眼中人类对我们自身和其他动物所做的错误的、傲慢的区分。以"新唯物主义"形式出现的后人类主义还提醒我们注意,无生命物体在施展能动性方面与人类一样广泛和有效[1]。

这种本体论去稳定化与伦理修正的哲学依据,来自与(尤其是德勒兹和加塔利及其追随者的讨论所形成的)后结构主义理论和哲学有关的反基础主义转向[2]。布鲁诺·拉图尔(Bruno Latour)的行动者—网络理论也有很大影响,因为它拒绝承认人类的能动性与非人类和物体的能动性有显著差异[3]。

---

[1] 对这种观点的例证和批判,参见 K. Soper, 'The Humanism in Posthumanism'(《后人类主义中的人类主义》), *Comparative Critical Studies*, 9(3), 2012, pp. 365 – 378; A. Malm, *The Progress of this Storm: Nature and Society in a Warming World*(《这场暴风雨的进展:变暖世界的自然与社会》), pp. 114 – 156; A. Hornborg, *Nature, Society and Justice in the Anthropocene: Unravelling the Money-Energy-Technology Complex*(《人类世的自然、社会与正义:打破货币—能源—技术的联结》), pp. 174 – 215.

[2] G. Deleuze and F. Guattari, *A Thousand Plateaus*(《千高原》), trans. B. Massoumi, London: Continuum, 2004; F. Guattari, *The Three Ecologies*(三种生态学), trans. I. Pindar and P. Sutton, London: Continuum, 2008; 同样参见 R. Braidotti, *The Posthuman*(《后人类主义》), Cambridge: Polity Press, 2013.

[3] B. Latour, *Reassembling the Social: An Introduction to Actor-NetworkTheory*(《重组社会:行动者网络理论导论》), Oxford: Oxford University Press, 2005; 比较 G. Harman, *Bruno Latour: Reassembling the Political*(《布鲁诺·拉图尔:重组政治》), London: Pluto Press, 2014. 对于拉图尔著作和"新唯物主义"的批判讨论,参见 A. Malm, *Fossil Capital: The Rise of Steam Power and the Roots of Global Warming*(《化石资本:蒸汽动力的兴起和全球变暖的根源》), pp. 78 – 118.

神经科学对社会和文化理论的启发,也有一定影响,它推广了我们就是我们的大脑这一观点(普通人似乎越来越愿意接受这一观点):心智和大脑是一体的①。按照雷蒙德·塔利斯(Raymond Tallis)的说法,神经科学负责把人类的认知经验具象化为其他动物,这是一种"迪士尼化"过程或钳形的运动。在这种运动中,我们用野兽的术语来描述人类,用人类的术语来描述动物。一方面通过否认人类对其行为的性质、目的和动机的认识来贬低人类,另一方面通过把动物的属性和行为拟人化来抬高动物②。神经科学的讨论中常用的一个类比指出,人类和猿猴行为的相似性暗示了参与和产生双方行为的心理状态的相似性③。

唐娜·哈拉维(Donna Haraway)及其追随者的著作也对环保思想产生了重要的、毫不逊色的影响。在捍卫她的"赛博格"本体论时,哈拉维提醒我们不仅排除人类与其他动物的区分,而且排除有机物与无机物的区分。她称赞这些概念区分

① 神经科学还延伸到文化分析领域,我们现在发现神经美学捍卫了一种艺术观点,即艺术是以神经为中介的活动,艺术家在这种活动中不自觉地促进了他或她的遗传物质的复制。神经文学评论家也在研究脑部扫描,从而搞清伟大著作如何影响我们大脑中的硬连线。参见 R. Tallis, *Aping Mankind*: *Neuromania*, *Darwinitis and the Misrepresentation of Humanity*(《模仿人类:神经狂热、达尔文病与对人类的错误再现》),London: Acumen, 2010, pp. 61 – 62; 291 – 299. 同样参见 H. Rose and S. Rose, *Can Neuroscience Change Our Minds?*(《神经科学可以改变我们的大脑吗?》)Cambridge: Polity Press, 2016.

② R. Tallis, *Aping Mankind*: *Neuromania*, *Darwinitis and the Misrepresentation of Humanity*(《模仿人类:神经狂热、达尔文病与对人类的错误再现》), pp. 157 – 161.

③ 比较塔利斯把大脑"人格化"的拟人论的观点——这使得我们更容易把人"大脑化"。R. Tallis, *Aping Mankind*: *Neuromania*, *Darwinitis and the Misrepresentation of Humanity*(《模仿人类:神经狂热、达尔文病与对人类的错误再现》), p. 187. 虽然没有明确地归功于神经科学,但我们在这里也可以注意到蒂姆·莫顿对人类例外论的彻底质疑,他写道,我们不应该"将意识设置为人类优于非人类的另一个界定特征"。他认为,人类"独一无二地擅长投掷和出汗,仅此而已"。Timothy Morton, *The Ecological Thought*(《生态学思考》), Cambridge, MA: Harvard University Press, 2010, pp. 71 – 32; 比较 *Ecology without Nature*: *Rethinking Environmental Aesthetics*(《无自然的生态学:重新思考环境美学》), Cambridge, MA: Harvard University Press, 2007.

的打破是人类的解放和生态的进步：作为一种反人类中心主义的进步，它承认一切存在形式的平等性、连接性和关系性。在赞同这种进路时，迈克尔·哈特（Michael Hardt）和安东尼奥·奈格里（Antonio Negri）指出，政治进步的首要条件是我们认识到：

> 人类本性决不能独立于自然整体之外，在人类和动物之间，在人类和机器之间，在男人和女人之间，并不存在着什么固定的、必然的界线……自然本身也是个人造的领域，它也会经历改变、混合、杂交。①

在最近关于以技术为动力的后工作未来的"加速主义"论点中，尼克·斯尔尼塞克（Nick Srnicek）和亚历克斯·威廉姆斯（Alex Williams）也热衷于"赛博格强化、人造生命、合成生物学、辅助生殖技术"对后人类主义的"合成自由"的贡献，强调所谓有待实现的真正人类本质是不存在的，把这种说辞视为一种有限的、"狭隘的"人类主义（尽管我们尚不清楚，这种反本质主义的立场，与他们对资本主义带给人类带来的弊病的抨击，与他们对后资本主义未来将实现的不同成就，如何才能

① M. Hardt and A. Negri, *Empire*（《帝国》）, Cambridge, MA：Harvard University Press, 2000, pp. 215 - 216；同样参见 D. Haraway, *Simians, Cyborgs and Women: The Reinvention of Nature*（《类人猿、赛博格和女人：自然的重塑》）, London：Free Association, Routledge, 1991；*Modest_Witness@Second_Millennium. FemaleMan_Meets_OncoMouse*（《温和，见证者，第二个，千年，女男人，遇见，基因小鼠》）, London & New York：Routledge, 1997；*When Species Meet*（《当物种相遇》）, Minneapolis：University of Minnesota Press, 2008；C. H. Gray, ed., *The Cyborg Handbook*（《赛博格手册》）, London：Routledge, 1995；C. Wolfe, *What is Posthumanism?*（《什么是后人类主义？》）, Minneapolis：University of Minnesota Press, 2010.

自洽)①。

上述几种论点有显著的不同,把它们纳入一个普遍的后人类主义保护伞下可能是误导性的(哈拉维本人就拒绝这个术语)。但是,它们共享几个主题:自然和文化的一体化;人类主义主体的去中心化;人类—动物二元论阻碍了对于非人动物的待遇的伦理指导;拒绝接受人类例外论。从规范角度看,它们的普遍共识是,"二元论"和"人类主义"思维的谬误助长了人类和其他物种现在面临的空前的生态危机。

但是,后人类主义理论完全是由人类产生的,且为人类产生的,它希望人类通过他特有的根据讨论调整思想和行为的能力来做出回应。于是,它的理论自洽和伦理诉求都依靠对独一无二的人类特质的隐含承诺,以及对意向性和自觉能动性的隐含承诺。因此,它对人文主义的批判是自我颠覆性的,这种颠覆性突出体现在它关于无机物的赛博格式思考和讨论之上。哪怕那些希望我们模糊心智—机器之分的人,他们这么做的依据也是先进的人工智能拥有类似心智和灵魂的特质。但是,如果这些能力或属性本身借助了对人类认知力和反思力的可惜的"人类主义"评估,如果它们隐含了对心智和灵魂的更高评价,那么,我们为什么要特别关注它们?对有机—无机之分的赛博格式无视,与对模糊人类—动物之分的坚持(理由是这将让非人类得到更有同情心的待遇),二者之

---

① N. Srnicek and A. Williams, *Inventing the Future: Postcapitalism and a World Without Work*(《创造未来:没有工作的世界的后资本主义》), London: Verso, 2016(revised ed.)especially p. 82f. 对于后人类主义的反对意见,参见 J. Cruddas, 'The humanist left must challenge the rise of cyborg socialism'(《人类主义的左派必须挑战赛博格社会主义的兴起》), *The New Statesman*, 23 April 2018. 同样参见本书第 4,6,7 章。

间也有某种冲突。抗议涉农产业的残酷，无疑是抗议有机物受到笛卡尔的机器一般的待遇，毫不关心它们的痛苦①。

受德勒兹影响的生态批评进路让我们看到把一切生物统一在块茎式宇宙中的力的游戏，这类方法也存在一些问题。毕竟，承认生物的关系性是与某种或任何伦理学或政治学一致的。这类理论往往在高度抽象层面运作，以至于无法针对可能满足其宣称的目标的经济和政治制度给出指导。然而，在缺乏这种指导的情况下，它很容易倒退回对现实的基本的描述性解释：对于与弥赛亚主义的、逃避的政治有关的实践和主观性，进行全面的、但多少有点经院哲学式的描绘②。例如，罗西·布拉伊多蒂（Rosi Braidotti）最近写道："可持续性表达了在空间和时间上持存的愿望。用斯宾诺莎主义—德勒兹主义术语说，这种可持续的持存观念与可能未来的建构有关……意味着建构持存（希望、可持续性）的社会视野的集体努力……希望让我们有能力处理否定性，摆脱日常生活的惯性。"③这类想法是很好的，但是，它很少谈论这种创造的潜能或希望在何时、在何地、由何人动员起来。

因此，如果后人类主义试图抛弃人类例外论，那么它就会

---

① 比较我的'Of oncomice and femalemen：Donna Haraway on cyborg ontology'（《基因小鼠和女男人：唐娜·哈拉维论赛博格本体论》），*Women: A Cultural Review*，vol. 10，2，Summer 1999，pp. 167 – 172.

② 比较吉莉安·罗斯的观点，即弥赛亚主义拒绝"与当下的对抗性接触，拒绝与'现实之难题'的接触。弥赛亚主义是一种绝望的劝告，它拒绝认为，法律、理性、政治是由现代性的断裂（我们在这些断裂中行动和认识自己）所塑造和重塑的"。Gillian Rose，*Mourning Becomes the Law: Philosophy and Representation*（《当哀悼成为法律：哲学与再现》），Cambridge：Cambridge University Press，1996，pp. 15 – 39.

③ R. Braidotti，'Posthuman relational subjectivity and the politics of affirmation'（《后人类的互联主体性语肯定的政治学》），in P. Rawes，ed.，*Relational Architectural Ecologies: Culture，Nature and Subjectivity*（《互联的建筑生态学：文化、自然和主体性》），London：Routledge，2013，pp. 37 – 38.

自我颠覆。受后人类主体影响的唯一有说服力的话语，是那些准备承认和谈论（在它对人类的质疑中必不可少地发挥作用的）人类主义的话语。我们完全可以指出，我们在自然界中是相互联系的，我们与其他动物的共同点比以前想象中的更多。我们也可以赞同后人类主义者的观点：导致我们对动物及其待遇的道德反应的，不是对于它们应得的待遇的某种冷静的、无私的计算，而是对于我们与它们共享的有死性和脆弱性的感受，以及随之而来的同情心①。然而，恰恰是为了维持这一立场的哲学自洽，维持它对人类想象力和同情心在产生道德回应方面的独特作用的呼吁，我们才需要捍卫人类与其他生物的差异。正如科拉·戴蒙德（Cora Diamond）所说：

> 如果我们呼吁人们避免痛苦，而且我们在这种呼吁中试图消除人与动物的区分，只是让人们谈论或思考"不同物种的动物"，我们就没有哪个立足点可以告诉我们应该做什么，因为没有哪个动物物种的成员对任何事情负有道德义务。其他人类的道德期望要求我们身上某种超出动物的东西；我们想到素食主义促使我们见到牛的眼睛时，我们会想象性地在动物身上读到像这种道德期望一样的东西。这种做法本身没有错；错的是试图保持这种回应，同时破坏它的基础。②

① 比较 C. Diamond, *The Realistic Spirit: Wittgenstein, Philosophy and the Mind*（《实在论精神：维特根斯坦、哲学与心智》），Cambridge, MA：The MIT Press, 1991, p. 334f.
② C. Diamond, *The Realistic Spirit: Wittgenstein, Philosophy and the Mind*（《实在论精神：维特根斯坦、哲学与心智》），p. 333.

因此,我们需要避免对人类与动物的关系采取粗暴的人类中心的进路。但是我们也需要承认,只有人类才能把道德考量延伸到其他动物身上,而且即使后人类主义者认为应该平等对待人类与动物,他们依然诉诸人类特有的道德辨别能力。我们也知道,没有哪种动物会像人类一样,认为自己对人类负有责任。我在这里并不否认一些伴侣动物,特别是狗,有时会表现出对它们的主人或驯兽师的在意和关怀。我想说的是,其他动物不会对包括人类在内的其他动物成员产生或行使任何普遍适用的关怀形式。我还想说,其他动物没有以口头、书面或图片形式来再现我们人类,也没有对我们与它们的关系进行哲学讨论。这种事实让我们不得不说,动物无法想象成为一个人是什么感觉。使得(或应该使得)我们怀疑自己是不是把其他动物同化得太接近人类的这种敏感性,无疑也承认我们与其他生物之间缺乏想象的相互性(imaginative reciprocity)。没有哪种动物能够承认一项权利或感到有义务尊重这项权利;(幸运的是,在许多方面)大多数其他动物似乎毫不关心其他物种的福祉。如果不是它们每天捕捉、撕碎、生吞的其他生物承担了痛苦,大多数动物物种会死于饥饿。与此相反,人类的例外之处,明显体现在对其他动物的极端同情,以及对它们的傲慢无视上。我们必须尊重人类与非人的动物之间的这种深渊,即使我们正在思索如何应对这一深渊。

我提出这种观点,绝不是暗示我支持人类有权以任何他们认为合适的方式利用自然世界这一简化观点(就像我们在解释《圣经》和启蒙运动的作品中发现的那样)。我只是强调有一些人类特有的属性和力量,要求我们明确区分我们和其他生物。这个要求更加适用于无生命的存在（或物体）。我们可以赞同拉图尔和新唯物主义者，认为物体可以对人类产生重大的塑造影响，而且可以产生它们自己的后果。但是，这种观点不同于责怪人类的能动性。我反对那些人的看法，他们通过否认主体—客体、自然—文化、人类—动物的区别而把自己定位为自然之友。我同样反对那些人，他们强调一种救赎性觉醒对人类与自然的连续性的重要性，而不强调人类经济和社会实践的（往往是顽固的）例外性。事实上，如果把人类的意识和能动性的形式与自然界其他物体的形式一视同仁，那么，我们就不能把生态崩溃的特殊责任归咎于人类，也不能指望人类采取生态政治战略来实现救赎。虽然看似有些矛盾，但是，人类在自然界中不占据特殊位置这一信念，更可能阻碍而不是推进生态事业。正如霍恩堡所说，消除主体—客体之分的尝试的最大问题：

> 最终不是拜物教式地把能动性归于非生命物体，而是免除了人类主体的责任和可归责性（accountability）。对人类主体的责任的否认——通过把人类与非人类一视同仁来实现——很好地契合了拉图尔及其追随者的后人类主义立场所隐含的推卸责任。人类责任的独一无二——它完全无法延伸到河流、火山，甚至狗身上——依然是后人类主义无法克服的困境。①

---

① A. Hornborg, *Nature, Society and Justice in the Anthropocene: Unravelling the Money-Energy-Technology Complex*（《人类世的自然、社会与正义：打破货币—能源—技术的联结》）, pp. 205 – 206.

把人类的需求和欲望同化到动物身上（对人类消费的还原论的自然化），对于思考能够保证可持续未来的必要的另类消费模式来说，也是一个不足的立足点。非人类动物可能会相互模仿，其中一些动物当然会遵守它们的啄序（pecking orders），但是它们不是为了展示性或象征性的原因而消费。虽然它们在追求满足的过程中可能受到欺骗，但是非人类动物不会追求幻想的快感，也不在乎作为享乐条件的不满。相比之下，人类的消费具有双重和多元确定（over-determined）的特征，它的发展既与物质生存和繁殖的需求有关，也与（目前常常被歪曲和混淆的）更加超越性的精神需求有关。更重要的是，人类消费的物质客体——不同于其他动物，尤其是野生动物——几乎不是稳定的，而是不断变化的。在消费文化中，我们消费的物品变得越来越多丰富，越来越繁多，越来越巴洛克化。因此，我反对这样的建议，即消费主义的消极后果可以通过简单地"回归"一个自然固定和客观可知的需求满足系统来纠正。正因为如此，我反对那些倾向于把资本主义消费文化视为容纳人类消费的这些独特品质的唯一形式的人；换句话说，我反对那些倾向于把消费文化其视为自然发展的人。

把消费去自然化

我在本章开头指出，对于揭露资本主义在推动全球变暖和环境恶化过程中的独特作用，揭露各种旨在确保资本主义的灾难性霸权的意识形态举措，马克思主义的工业史进路是至关重要的。但是，如果马克思主义想避免仅仅成为对错误的历史性反思,那么,它肯定要给出一些关于如何改正错误的指导——关于可以和应该用什么东西取代资本主义秩序的指导,关于什么力量有助于这种取代的指导。在提出这种主张时,我承认目前的情况是惨淡的,而且除了对变革的潜能感到悲观,我们很难看到别的东西。在这个意义上,许多当代马克思主义论调不愿设想后资本主义格局,不愿设想转型的政治和行动者。但是,正如大卫·哈维(David Harvey)所说,恰恰是因为我们长期以来被告知没有后资本主义的替代方案,所以设想一个替代方案变得至关重要①。一种无法为超越资本主义的思想提供资源的马克思主义,将屈服于宿命论,从而屈服于一种(推崇在现实中没有基础的批判理想的)唯心主义。不愿直面工人阶级对社会主义的反对意见的态度——如果这种态度不是什么奇怪的事——回避了最重要的问题,即谁应该担负起经典马克思主义分配给无产阶级的变革角色。

我还想指出,面对消费(包括都市工人阶级的消费)在维持资本主义方面的作用,以及它对气候变化的推波助澜,今天的马克思主义不能继续袖手旁观。19世纪工人普遍赤贫化,当代工业化社会中大规模生产的商品对于劳动力来说唾手可得,这两种情况肯定是截然不同的:今天人们普遍能够消费汽车、航空旅行、电子和白色家电、家庭装修、时尚产品,等等。即使在发展中国家,这种消费类型也助长了一种有问题的"美好生活"模式。然而,学者向我们提供的,往往不是对这一问

---

① D. Harvey, 'David Harvey Interview: The importance of postcapitalist imagination'(《大卫·哈维访谈:后资本主义想象力的重要性》), *Red Pepper*, 21 August 2013, redpepper. org. uk.

题的正确承认，而是（比如杰森·摩尔最近的《生命网络中的资本主义》）对于体系的实体化，仿佛资本是负责任的和自主行动的。学者告知我们资本主义的"傲慢"、"欲望"、"选择"等——而且他们对普通人（不论是作为消费者，还是作为体系的投票支持者）的日常生活进行了相对的抽象。因此，我们得到的印象是，大多数人只是作为工人参与资本主义的生存和再生产。穆尔意识到，今天的关键不仅是阶级斗争，而且是"对于生活和工作的不同愿景之间的斗争"。但是，他很少谈论我们如何发展这一主张，也没有提供任何关于另类愿景的见解[1]。

　　或者换一种说法（借用博纳伊和弗雷索的观点），虽然90家公司可能确实要对1850年至今产生的二氧化碳和甲烷累积排放量的63%负责，但是，同样重要的是注意到，这些排放来自长年累月的房屋修建、建筑项目和无数消费品所使用的化石燃料和混凝土的生产[2]。像安德烈亚斯·马尔姆说的，虽然我们确实不能把中国的排放归咎于中国工人[3]，但是，我们不得不责怪中国工人生产的廉价商品的快捷消费（这种快捷为全球和各阶层的人们所共享）。我们还应该意识到，富裕国家的大部分人毫不关心生产这些商品的工厂状况，毫不关心许多工人正在抵制征收燃油税，正在反对今天对汽车出行和廉价航班的依赖。当我创作本书时，英国首相正在承诺要冻结燃油税——《太阳报》（the Sun）鼓吹的一项承诺，主要是为

① J. Moore, *Capitalism in the Web of Life*（《生命网络中的资本主义》）, p. 100f; 126f.
② C. Bonneuil and J.-B. Fressoz, *The Shock of the Anthropocene*（《人类世的冲击》）, p. 68.
③ A. Malm, 'The Anthropocene Myth'（《人类世的神话》）, *Jacobin*, 30 March 2015.

了讨好那些"勤劳的家庭"。我们怀疑,在欢迎这一承诺的人当中,很少有人会担忧目前政府所纵容的非法空气污染水平,或者担忧政府对压裂技术(fracking)抗议者的监禁,甚至很少有人担忧特蕾莎·梅在2018年党内会议上发表讲话几天后国际植保公约组织关于全球变暖的报告中的可怕预测。与此同时,在法国,在类似的、或许更具爆炸性的情况下,马克龙总统被迫撤销了他计划好的燃油税增收,以平息由此引发的黄背心抗议(Gilets Jaunes protests)。

近年来新自由主义政策产生的巨大不平等,确实严重破坏了日常消费品环境税的成功出台所必需的社会团结①。不过,认识到紧缩措施和不平等对于增收燃料税的负面影响,这是一回事。忽视了作为消费者的工人在很大程度上纵容了资本主义经济再生产,这是另一回事——对于这个议题,大部分左派至今都是极其回避的。此外,虽然社会主义者可能在其他方面批评资本主义,但是,他们依然很愿意接受何为"美好生活"、何为"高"品质生活的传统观点。

那些反对把所有环境错误归咎于资本主义西方而忽视苏联政权的生态破坏的人,肯定是切中要害的。但是,如果苏联领导人不那么迷恋西方的消费模式和能源供给,对人类的繁荣有更革命性的思考——换句话说,如果他们不把与资本主义有关的消费"自然化"——那么,事情可能会有所不同。詹姆斯·奥康纳(James O'Connor)不久前提出的观点,在这里依然是适用的:

---

① 对这一现象的进一步讨论,参见本书第7章。

对西方式发展的不加批判的接受,导致社会主义国家的机械仿效。人们太频繁地根据能否追赶或超越西方最先进的技术成就(比如斯普特尼克号人造卫星),来衡量社会主义的进步。在这场竞赛过程中,人们系统性地压制了一种以生活质量而非技术或消费品数量来衡量的、完全不同性质的进步观念。①

另一位早期的红色—绿色思想家(red-green thinker)鲁道夫·巴罗(Rudolf Bahro)的呼吁也是如此:

我们对于社会主义转型的习惯性想法,是在欧洲文明在技术和科技领域创造的基本条件下废除资本主义秩序——而且不仅是在欧洲。即使在 20 世纪,像安东尼奥·葛兰西这样深刻的思想家依然认为技术、工业主义、美国主义、现存形式的福特体系是大体上不可避免的必要性,从而把社会主义描绘成人类对现代机器和技术的适应过程的真正执行者。马克思主义者至今很少考虑到,人类不仅要变革我们与生产的关系,而且必须从根本上改变我们生产方式的全部特征,即生产力,所谓的技术结构。人类绝不能认为,我们的视角与任何历史传承下来的需求的发展和满足形式有关,或者与为了需求的

① J. O'Connor, 'Political Economy of Ecology of Socialism and Capitalism'(《社会主义与资本主义生态学的政治经济学》),*Capitalism Nature Socialism*, 3, 1989, p. 97.

满足而设计的商品世界有关。我们在周围发现的商品世界的现存形式，不是人类生存的必要条件。它不是必须采取这种方式，才能让人类在智力和情感上得到我们想要的发展。[1]

如果最近在历史唯物主义内部提出关于生态学的创新论点的人不进一步扩展他们的见解，把资本主义视为反常的、反乌托邦的生物圈组织（biospheric organisation），从而对资本主义时代错乱的人类繁荣和福祉的构想进行同样鲜明的去自然化抨击（de-naturalising assault），那么，这将是一大遗憾。用以资本为动力的技术和工业化来定义进步，这种做法不能继续不受质疑了；那些可持续环境足迹最少的国家，也不能继续充当发展中国家美好生活的榜样[2]。现在，我们应该认为，更少受技术驱动、更少以增长为目标的自然组织，才能创造更先进的福利规范与提供福利的模式。

虽然正统的马克思主义者可能会反对这种观点，但是，在广义的历史唯物主义思维框架内工作的人现在必须把消费的政治化纳入考量，而不是把焦点局限在生产和工人剥削上。

---

[1] R. Bahro, *Socialism and Survival*（《社会主义与生存》），trans. D. Fernbach, London: Heretic, 1982, p. 27. 比较安德烈·高兹同一时期的类似观点，André Gorz, *Farewell to the Working Class: An Essay on Post-Industrial Socialism*（《告别工人阶级：论后工业社会主义》），trans. M. Sonenscher, London: Pluto Press, 1982; *Paths to Paradise: On the Liberation from Work*（《天堂之路：从工作中解放》），trans. M. Imrie, London: Pluto Press, 1985. 同样参见本书第 4 章的进一步讨论。

[2] 比较 S. Latouche, *Farewell to Growth*（《告别增长》），trans. D. Macey, Cambridge: Polity Press, 2009: pp. 20 – 30; A. Hornborg, 'Zero-sum world: Challenges in conceptualizing environmental load displacement and ecologically unequal exchange in the world system'（《零和的世界：思考环境负荷转移和世界体系中生态不平等交换的挑战。》），*International Journal of Comparative Sociology*, 50（3 – 4），pp. 237 – 262. 同样参见本书第 6 章的进一步讨论。

他们必须批评资本主义在推广消费主义生活方式（仿佛这种生活方式是唯一有价值的东西）方面的成功，就像他们曾经批评资本主义把对化石燃料的依赖自然化。他们还必须批评马克思关于后资本主义未来所带来的东西的夸大其词的主张。"旺盛的需求"、"按需分配"——虽然这些口号振奋人心，但是，它们不再是对社会主义条件下的可实现目标的恰当概括。因此，我反对一些学术界马克思主义者脱离实际的激进主义，他们乐呵呵地重复一种普遍丰裕的遥不可及的乌托邦愿景的姿态，这样他们就可以不用对马克思主义关于后资本主义社会的讯息进行麻烦但必要的重建。蔑视适度消费观念的文化政治，对于什么是后资本主义形式的工业、劳动过程和工人解放，抱有一套过时的假设。即使左派把西方的那种富裕生活标准革命化，使之摆脱对他律劳动（heteronomous labour）的剥削，左派也不能继续提倡平等、普遍地接受这种生活标准。对基于全球分配公平和根本可再生的物质消费秩序的后增长经济秩序的诉求，必须与对充分就业、结束紧缩和全民经济安全的诉求结合起来，甚至取代后者。这种诉求反过来要求我们对进步和繁荣本质的思考经历一场革命——它挑战了消费文化为有能力购买其商品的人提供美好生活的观念，破坏了维持工作对我们生活和价值体系的霸权的企图，而且强调了每个人享受一种不那么高速运转、时间稀缺、进取性的生活方式的快感。只有当左派致力于一种遵循这些思路的另类繁荣政治，我们才真正有希望传递一系列压力，从而产生变革的有效条件。

虽然我反对把消费视为化石燃料经济"罪行"中无关紧要的因素的人，但是，我同样不愿意贬低关于繁荣、消费和"美好生活"

的全新观念在推动更彻底的经济转型方面的可能作用。2018 年
10 月的《植物保护公约》要求各国承担"道德责任",采取行动对全
球变暖施加直接和彻底的影响,并且把各国视为变革的主要行动
者。从那时起,一些国家承认了我们的"气候紧急情况"。但是,
基于它们的历史表现,我们很难看到各国在没有压力的情况下承
诺采取必要的彻底行动。可是,谁来施加压力呢? 马尔姆认为,傻
子才会相信消费者会改变他们的习惯和诉求[1]。他不是唯一这样
认为的人,而且他很可能是正确的。但是,按照他的说法,相信
企业精英会强迫国家行动以创造公正和可持续的未来就更荒谬
了。当然了,我们也不能再以一个团结的无产阶级运动发起对
现状的有意义的反对。保罗·梅森(Paul Mason)或许错误地认
为,每个人都可以利用全球网络成为变革的行动者,但是,他正
确地指出,坚持认为无产阶级是推动社会超越资本主义的唯一
力量的人没有看到,潜在的变革力量现在变得多么广泛和多
元[2]。无论如何,马克思经典理解下的无产阶级——反对资产
阶级并试图推翻它的贫苦工厂工人阶层——不再对应当代资本
主义形态的现实,以及它的变革的可能来源和行动者。

因此,哪怕是有勇无谋的,我依然在下面几个章节中对富裕
消费文化进行了回顾和批判,挑战左派和右派关于消费的快感
和消费作为"美好生活"必然榜样的共识,同时也强调了对消费
的抨击的破坏性政治潜能。

---

[1] A. Malm, *Fossil Capital: The Rise of Steam Power and the Roots of Global Warming*(《化石
资本:蒸汽动力的兴起和全球变暖的根源》),pp. 364 - 366.

[2] P. Mason, *PostCapitalism: A Guide to Our Future*(《后资本主义:一份未来指南》),
London:Allen Lane, 2015, p. 178. 对梅森关于行动者和变革的观点的进一步讨论,参
见本书第 5—6 章。

第二章

何为另类享乐主义？为何当今需要另类享乐主义？

虽然与资本主义增长经济及其消费主义生活方式有关的繁荣模式一直备受批评，但是，它对我们关于进步和"美好生活"的构想产生了强烈影响。许多人都捍卫这种繁荣模式，认为它是自由和民主的保障，以及实现高质量生活的唯一手段。的确，资本主义至少在更富裕国家带来了诸多好处，而且人们已经证明它与种族、性别和形态方面的社会进步议程的推进相一致。但是，这种好处的代价是对人群和环境的剥削；而且它最有利于人类福祉的时候，恰恰是它最受到政治管束的时候，就像在二战后的欧洲社会民主国家那样。

最近几十年，随着战后社会民主沦为新自由主义意识形态的牺牲品，资本主义增长的社会代价飙升，引发了令人担忧的后果。在英国、欧洲和美国，大多数但不是全部来自右派的民粹主义崛起①，就反映了人们的不满。这些人被排除在新自由主义受益者享有的发财致富、文化资本和国际化生活方式之外——这种不满，表现在英国脱欧公投、特朗普当选、极右翼及其新媒体、运动、政党的崛起上。几乎同样令人不安的是政治精英们的后知后觉或沾沾自喜，他们几十年来要么没有看到这种不满的出现，要么选择忽视它。或许，主流的中右翼政党（尽管他们一直是选举失败者之一）在遏制新右翼的崛起上毫无作为，也没什么奇怪的。我们或许尤其要责怪中右翼政党，他们到目前为止似乎更渴望拥抱而非抵制新自由主义。

在英国，虽然人们称赞新工党 1997 年的选举胜利结束了近 20 年内耗严重的保守党统治，但布莱尔政府毫不关心眼皮子底下贫富差距的扩大。新工党商务大臣彼得·曼德尔森（Peter Mandelson）说过一句著名的话："只要人们交税，我们对他们的暴富就心安理得。"②贫富差距不断扩大。政府没有做任何事来遏制富豪们的贪婪和炫耀消费。英格兰银行首席经济学家安迪·霍尔丹（Andy Haldane）表示，1970 年代以来，国民收入中工人的份额从 70% 下降到 55%。被雇佣者的收入比例还不如 1770 年代工业革命刚开始的情况③。靠国家福利维生的人——失业者、长期病残者、老年人——活得很艰辛：经历了十年的紧缩之后，物价和生活成本不断上涨，福利支出却

---

① 五星运动（Cinque Stelle）、黄背心运动、加泰罗尼亚民族主义等欧洲民粹主义组织的一大特征是，它们拒绝在左右光谱上站队。
② 这或许是所有新工党政客的最有名的一句话，在网上很容易找到。比如，它引用于 G. Parker, 'A Fiscal Focus', *Financial Times*, 7 December 2009.
③ A. Chakrabortty, 'Labour's Just Declared Class War. Has Anybody Noticed?'（《工党刚刚宣布的阶级战争，有人注意到了吗?》），*Guardian*, 24 September 2018.

减少了将近四分之一①。

愈演愈烈的收入和机会的不平等，席卷了全世界。1990—2005 年印度、美国等主要经济体持续经济增长期间，富人相对更富了，穷人相对更穷了。1990—2007 年这 17 年里，最底层的 10 亿人在全球收入中的份额只提高了 0.18%（按照这个速度，他们要 855 年才能占全球收入的 10%）。一位世界银行（World Bank）首席经济学家估计，无论是相对全球不平等，还是绝对全球不平等，目前都是人类有史以来最高的②。而且不平等愈演愈烈：2019 年 1 月，乐施会（Oxfam）报告，全球 2200 名亿万富翁的财富在前一年增加了 9000 亿美元或 6870 亿英镑（每天 25 亿美元或 19 亿英镑）。最富的人的财富增加了 12%，世界上最穷的一半人的财富却下降了 11%。2018 年底，仅仅 26 个富人拥有的财富就等于最穷的一半人（这个数字在 2016 年是 61 人）③。富豪们的财富现在主要来自积累的资产（如股票、房产、现金存款）的股息、利息和租金——这些

① P. Butler, 'Welfare spending for UK's poorest shrinks by £37bn'（《英国贫困人口的福利支出减少了 370 亿英镑》），*Guardian*，23 September 2018.

② B. Milanovic, *Global Inequality and the Global Inequality Extraction Ratio: The Story of the Past Two Decades*（《全球不平等与全球不平等提取率：过去二十年的故事》），Washington D.C., World Bank, 2009.

③ L. Elliott, 'World's 26 richest people own as much as poorest 50 per cent, says Oxfam'（《乐施会表示，全球最富的 26 个人的财富等于最穷的 50% 人》），*Guardian*，21 January 2019. 在这里，我们或许还应该质疑全球贫困已大幅减少的主张（比如比尔·盖茨最近的主张）。盖茨绘制的图表不仅使用了不恰当的货币标准来衡量贫困（每天低于 2 美元。实际上每天至少要 7 美元才能避免极端贫困），而且还掩盖了在涉及货币之前的土地、资源、生活方式的剥削和损失。贾森·希克尔说，盖茨计算出的数字实际上说明，"这个世界，从大多数人根本不需要货币的局面，变成大多数人拼命地用极少的货币生存的局面。他的图表认为这个过程是贫困的减少，但实际上发生的是一个剥夺的过程"。参见 Jason Hickel, 'Bill Gates says poverty is decreasing. He couldn't be more wrong'（《比尔·盖茨说贫困减少了，他大错特错了》），*Guardian*，29 January 2019；*The Divide: A Brief Guide to Global Inequality and its Solutions*（《贫困差距：全球不平等及其解决方案》），London：Penguin, 2017.

都是从他人生产的商品和服务中榨取财富的手段。他们只有20%不到的收入,是来自薪水①。

与这些发展趋势相伴随的,是依然还在生产的人们的状况和体验的巨大变化——这些变化给工作世界带来了迫在眉睫的危机,并且必定会挑战目前的经济现状②。即使工作伦理尚且掌控着商业思维和社会政策,但是,自动化持续地破坏工作稳定性与取代劳动力。越来越多的工人承受着零工经济(gig economy)和零时合同(zero-hours contracts)的不稳定性和滥用,同时,对工作的强烈依赖伴随着对许多产品的价值和在生活中的重要性的日益怀疑。随着工作越来越朝不保夕,对工作的需求越来越迫切,工作提供的目的感也越来越少。即使担任薪水稳定的职位的人也发现,工作挫败而非促进自我表达和个人成就感。"在当代资本主义社会中",一位评论者说:

> 工作既是最受追捧的活动之一,也是最受抱怨的活动之一。人们之所以追捧它,是因为它提供满足物质需求的收入,因为它是塑造身份、成为他人生活模式一部分的最受社会认可的途径。但是,无论是因为工业生产线的单调,当今高度敬业的组织的情感和表演诉求,现代呼叫中心的"电子全景监狱"(electronic panopticon),还是因为长时间工作的压

---

① G. W. Domhoff, 'Wealth, income, power'(《财富、收入、权力》), at whorulesamerica. ucsc. edu. Last updated February 2013.
② 对生态危机背景下的工作和"工作危机"的全面讨论(以及参考文献),参见本书第4章。

力,工作往往是痛苦的,就像它是必要的。①

增长的环境代价

除了发达经济体和发展中经济体的货币财富的差距,以及目前工人的不稳定和不满,由于生物—物理资源不断从外围经济体不公平地转移到中心经济体,更富的国家和更穷的国家之间也存在着全球性的差距。目前,地球上不到 1/5 的人消费了约 4/5 的资源,美国仅占全球人口的 5%,却使用了约 1/4 的化石燃料资源②。在新自由主义下,"渐进的"贸易开放取代了经济保护主义(economic protectionism),而生态的不平等被展现为贸易开放的一个好处。阿尔夫·霍恩堡写道,"帝国主义"已经被重新定义为"全球化":

> 把世界贸易开放给越来越不对称的(但是不被承认的)有利于中心国家资本积累的资源流动,目前被表现为全球性的解放。就资源的净转移而言,新自由主义可以被视为通过新殖民主义壮大中心国家的一套委婉的说辞。但是,现在越来越明显的是,这种壮大意味着中心国家精英阶层的壮大,而国内的

---

① D. Frayne, 'Stepping outside the circle: The ecological promise of shorter working hours'(《走出循环:缩短工作时间的生态承诺》), *Green Letters: Studies in Ecocriticism*, vol. 20, 2, 2016, p. 197.

② 'Overconsumption? Our use of the world's natural resources'(《过度消费? 我们对世界自然资源的利用》), *Friends of the Earth Europe*, 1 September 2009; World Centric report on 'Social and Economic Injustice'(《社会和经济的不平等》), 2004; 'The State of Consumption Today'(《今天的消费状况》), Worldwatch Institute, report of 20 December 2018.

大多数人被抛在后面。[①]

霍恩堡对"资源流动"的关注正确地强调了一切财富的生物—物理基础，以及它对自然环境的依赖。可以说，不平等从资本主义兴起后就一直伴随着我们，迄今为止人们尚未证明它是资本主义持续前进的一大障碍。但是，面对今天的极端不平等，甚至主流的政客最近（虽然是姗姗来迟地）也承认，资本主义的持续扩张正面临着空前的生态障碍，包括气候变化、生物多样性丧失、水土流失、空气和水污染，以及难以处理的废品。

如果我们看看目前的生产和消费数据，政客的态度也没什么奇怪的。虽然有了数字经济和更绿色的技术，但是，目前消费的原材料比人类有史以来任何时候更多——而且分配极不平等。根据最近的统计，地球上有 12 亿辆机动车、20 亿台个人电脑，数量超过人口 75 亿的手机[②]。全球每年消费超过 920 亿吨材料——生物质（主要以食物的形式）、金属、化石燃料和矿物——而且这个数据每年增长 3.2%。1970 年以来，化石燃料（煤、石油和天然气）的开采量从 60 亿吨增长到 150 亿吨，金属每年增长 2.7%，其他矿物（特别是用于混凝土的沙子和砾石）从 90 亿翻了五倍到 440 亿吨，生物质的产量从 90 亿

① A. Hornborg, *Nature, Society and Justice in the Anthropocene: Unravelling the Money-Energy-Technology Complex*（《人类世的自然、社会与正义：打破货币—能源—技术的联结》），pp. 88–89.

② S. L. Lewis and M. A. Maslin, *The Human Planet*（《人类的地球》），New York：Pelican, 2018. 比较 'Universal basic income and rewilding can meet Anthropocene demands'（《普遍基本收入和退耕还草可以满足人类世的诉求》），*Guardian*, 12 June 2018.

增长到 240 亿吨①。

前文已经说过，增长的环境极限，在 1980 年代之前就得到了确认和强调，并且在最近的许多著作中得到了细致的描述。毫无疑问，目前这种墨守成规的（business-as-usual）增长方式是不可持续的。如果把美国的"美好生活"模式推广到所有人，那么，至少还需要三颗星球来提供必需的资源。因此，就像安德鲁·西姆斯说的，用消费品的市场扩张来衡量成功，无异于用失败来衡量成功②。

硅谷的一些最有钱人士意识到了生态灾难的迫在眉睫，他们拼命寻找个人层面的技术逃生路线，以躲避他们所谓的"事变"（海平面上升、社会混乱、未来环境崩溃的无政府状态）③。娜奥米·克莱因（Naomi Klein）报告说，武器供应商和私人安保服务商已经准备好从灾难中获利④。另一方面，地球工程的倡导者执着于他们对太阳辐射管理的幻想⑤，而提倡生态现代化

---

① J. Watts on Global Resources Outlook report, 'Resource Extraction Responsible for Half World's Carbon Emissions'（《资源开采导致了全球一半碳排放》）, *Guardian*, 12 March 2019.

② A. Simms, 'It's the economy that needs to be integrated into the environment—not the other way around'（《我们需要把经济纳入环境，而不是把环境纳入经济》）, *Guardian*, June 14, 2016.

③ D. Rushkoff, 'How tech's richest plan to save themselves after the apocalypse'（《最富有的科技公司如何在末日后自救》）, *Guardian*, 18 July 2018, 引自 G. Monbiot, 'As the fracking protesters show, a people's rebellion is the only way to fight climate breakdown'（《压裂技术抗议者证明，人民的反叛是对抗气候崩溃的唯一途径》）, *Guardian*, 11 October 2018.

④ 克莱因告诉我们，武器巨头雷神公司预计，人们将越来越需要它的军事产品和安保服务，以应对气候变化导致的干旱、洪水和风暴。她指出，"每当人们质疑这场危机的紧迫性的时候，请记住，私人民兵已经动员起来了"。Naomi Klein, *This Changes Everything: Capitalism vs. the Climate*（《改变一切：资本主义与气候》）, New York：Simon and Schuster, 2014, p. 7.

⑤ 例如，参见 O. Morton, *The Planet Remade: How Geoengineering Could Change the World*（《重塑地球：地球工程如何改变世界》）, London：Granta, 2015；更加批判性的评价，参见 M. Hulme, *Can Science Fix Climate Change? A Case Against Climate Engineering*（《科学能解决气候变化吗？反对气候工程》）, Cambridge：Polity Press, 2014.

的经济学家坚持认为,更环保的技术将使扩张无限持续下去,我们可以在不改变生活方式的情况下实现无限的环境友好的增长。

政府和企业精英大概率是相信这些学者的,因为增长依然是衡量经济成功的首要标准。不过,虽然绿色技术,以及发展利用这些技术的更在地的、更民主的制度,在使我们摆脱对化石燃料及其副产品的依赖方面肯定会发挥关键作用,但是,没有什么技术手段能够永远维持这种基于持续增长的经济。在目前的经济秩序中,技术的开发和利用当然主要是为了推动增长,从而提高利润。事实上,技术是消费文化扩张的一个关键因素——手机、个人电脑和其他个性化 IT 设备的不断创新或许是最明显的证据(人们普遍认为更纤薄、更智能的版本比早期型号更难维修,所以更快地抛弃它们)。即使这种情况有所改变,而且我们广泛采用了真正可持续的技术,(引用贾森·希克尔最近一篇文章的标题)"增长也不可能是绿色的"。希克尔引用了三项广泛的研究(分别始于 2012 年、2016 年和 2017 年),其结论是,无论我们如何努力优化资源利用率和限制碳排放,持续的经济增长都是不可持续的。希克尔总结道,"最终,把我们的文明带回到地球的边界内,需要我们摆脱对经济增长的依赖——从富裕国家做起"①。

---

① J. Hickel, 'Why growth can't be green'(《为什么增长不可能是绿色的》), in *Foreign Policy* at foreignpolicy.com. 12 September 2018;比较 G. Monbiot, 'The Earth is in a death spiral. It will take radical action to save us'(《地球处于死亡螺旋中,只有激进的行动才能拯救我们》), *Guardian*, 14 November, 2018;H. Schandl et al., *Global material flows and resource productivity: Assessment Report for the UNEP International Resource Panel*(《全球物质流动和资源生产力:联合国环境署国际资源小组评估报告》), Paris: United Nations Environment Programme, 2016. 同样参见 P. Frase, *Four Futures: Life After Capitalism*(《四种未来:资本主义之后的生活》), London and New York: Verso, 2016, pp. 1 – 34.

　　这种对绿色能源提供无限可持续生产的能力的负面评价，是有多年数据支撑的。数据显示，迄今为止，更高效的技术总是伴随着资源使用的全面扩张和更多商品的生产[①]。1975 年以来，虽然美国每一美元 GDP 的能源消费减少了一半，但能源需求增加了 40%。在航空业，虽然燃料效率提高了 40%，但总燃料用量增加了 150%[②]。在欧盟，虽然排放量确实与 1990—2012 年之间的增长脱钩（decoupled）了，但是它只减少了 1%，仅仅是达到欧盟委员会路线图目标所需的四分之一，路线图目标是将排放量减少到比 1990 年水平的 80%[③]。而且，富裕国家所实现的这种脱钩，部分是由于对来自中国和其他地区的排放密集型进口（emission-intensive imports）的依赖。同时，最富裕的人依然是排放最多的。如果最富有的 10% 人把排放量减少到欧盟平均水平，那么，全球总排放量将下降 35%[④]。

① T. Jackson, *Prosperity without Growth: The Transition to a Sustainable Economy*（《无增长的繁荣：走向可持续的经济》）, London：Sustainable Development Commission, 2009；P. Victor, *Managing without Growth: Slower by Design, not Disaster*（《无增长的管理：通过计划而非灾难实现减速》）, London：Edward Elgar, 2008；M. Koch, *Capitalism and Climate Change: Theoretical Discussion, Historical Development and Policy Responses*（《资本主义与气候变化：理论讨论、历史发展与政策反应》）, Basingstoke：Palgrave Macmillan, 2012；'The Folly of Growth'（《增长的愚蠢之处》）, *New Scientist*, no. 2678, 18 October 2008. G. Kallis 'In Defence of Degrowth'（《为去增长辩护》）, *Ecological Economics*, 70, 2011, pp. 873 – 880；G. Kallis, G. D'Alisa and F. Demaria, *Degrowth: A Vocabulary for a New Era*（《去增长：新时代的词汇》）, London：Routledge, 2015；K. Raworth, *Doughnut Economics: seven ways to think like a 21st century economist*（《甜甜圈经济学：21世纪经济学家思考的七种方式》）, London：Penguin/ Random House, 2017；G. Kallis, Degrowth（《去增长》）, Newcastle-upon-Tyne：Agenda Publishing, 2018；S. Barca, E. Chertkovskaya, A. Paulsson eds, *Towards a Political Economy of Degrowth*（《走向一种去增长的政治经济学》）, London and New York：Rowman and Littlefield, 2019.
② J. Schor, *Plenitude: The New Economics of True Wealth*（《丰裕：真实财富的新经济学》）, London：Penguin Books, 2010, p. 89.
③ 'EU reports lowest greenhouse gas emissions on record'（《欧盟报告了有记录以来最低的温室气体排放》）, European Environment Agency, 27 May, 2014；'2050 low-carbon strategy'（《2050 年低碳战略》）, *European Commission*, 6 February 2017.
④ D. Wallace-Wells, *The Uninhabitable Earth: A Story of the Future*（《不宜居住的地球：未来的故事》）, p. 187.

消费的烦恼

不公正和不平等、迫在眉睫的环境崩溃、工作的危机：对于富裕国家经济至关重要的这些因素汇聚在一起，开始动摇我们与长期以来或多或少认为理所当然的消费文化的关系。消费正在成为一个争论不休的领域，一个新形式的民主关切、政治参与、经济活动和文化表征可能开始产生重大影响的场所。即使那些质疑能否达到必要的抵抗水平的评论家，也认为消费的文化政治对任何可能的转向是至关重要的。沃尔夫冈·施特雷克（Wolfgang Streeck）说，在我们正在步入的危机和系统性破坏的时代，资本主义将会

　　完全依赖于作为消费者的个人对竞争性享乐主义文化的坚持。这种文化，将每个人都必须依靠自己与逆境和不确定性斗争的必要性变成了一种美德……这种文化必须使希望和梦想变成强制性的，并通过对希望和梦想的动员去维持生产和促进消费——在经济增长缓慢、不平等恶化、债务不断增加的情况下……因而也就需要这样一种劳动力市场和劳动过程，即能够维持一种新的信教主义的工作伦理以及一种作为"社会义务"的享乐消费主义……为了保证享乐主义不会破坏生产纪律……在消费主义的吸引力的基础上，还必须辅以恐吓，即让人们对社会地位下降的可能前景无比恐惧，此外还必须将货

币经济以外的所有非消费主义满足或成就感贬斥得
一文不值。①

正如斯特雷克暗示的，这是人们固守的一种越来越脆弱
的政治共识。这一共识破裂的各种迹象，将占据本书的大部
分篇幅。其中最早（也是更加友好的）的迹象之一，是有机的、
公平贸易（fair trade）的、在地和道德生产的商品市场的建立和
发展。这种迹象之所以值得称赞，是因为它反映并鼓励了人
们对日常消费品中的污染、食物里程②和劳动剥削的关注。道
德的购物者的动机，在某些方面也与更激进的反消费主义的
动机相一致。我们可以假设，那些致力于更负责的购物和投
资的人中，至少有一部分同时抵制购物中心文化，而且试图超
越这个过度消费的社会。

的确，道德的购物不是人人能负担的选项，而且它容易引
发对生产商和零售商的"漂绿"③。与负责的购买而不是与快
感或利己主义相关联，可能不会显著改变我们对自身福祉的
构想以及消费在确保福祉方面的作用。但是，道德的购买和
投资，反映了一种对全球更加负责的思考我们所谓的私人利
益的方式，从而挑战了我们对消费者的传统看法：因为消费者
只服从最有限的利己主义和享乐主义构想，所以，在消费领域
中，他们无法在自己作为公民赋予生活的反思性和民主关切

---

① W. Streeck, *How Will Capitalism End?*（《资本主义将如何终结》），p. 45［中译文引自
《资本主义将如何终结》，商务印书馆，2021 年，第 45—46 页。——译者注］
② "食物里程"（food miles）是蒂姆·朗（Tim Lang）提出的术语，指食物从生产到送上餐
桌所经历的距离。——译者注
③ "漂绿"（greenwash）是韦斯特维尔特（Jay Westerveld）提出的术语，指企业以环保为幌
子来掩盖它对环境的破坏。——译者注

的基础上采取行动①。事实上，研究消费的政治理论家和社会学家，早已意识到"良性购物"兴起背后的更具反思性和自觉性的政治支持者的重要性②。很有影响力的思想家丹尼尔·米勒（Daniel Miller）在二十多年前写道：

> 一方面，消费是导致大规模的痛苦和不平等的主要当代"问题"。与此同时，作为一种世界上的进步运动，它又是任何未来"方案"的关键，它使得贸易和政府的供养机构最终为其行为后果对人类负责……从拉尔夫·纳德（Ralph Nader），马来西亚的消费者运动，到日本的消费者合作社，再到西欧的绿色运动，消费关切的政治化形式对于另类政治的许多分支的形成越来越重要。③

他接着说，绿色运动现在利用对商品的去拜物教化的更

---

① 比较 K. Soper, 'Towards a Sustainable Flourishing: Ethical Consumption and the Politics of Prosperity'；（《走向一种可持续的繁荣：道德消费与繁荣政治》）以及 L. Copeland and L. Atkinson, 'Political Consumption'（《政治性的消费》）, both in D. Shaw, A. Chatzidakis and M. Carrington, eds, *Ethics and Morality in Consumption*（《消费中的伦理与道德》）, London: Routledge, 2016, pp. 11 – 27 and pp. 171 – 188. 对公民—消费者关系的进一步讨论，参见本书第 65—66 页，第 176—177 页。

② 参见 D. Shaw, A. Chatzidakis and M. Carrington, eds, *Ethics and Morality in Consumption*（《消费中的伦理与道德》）; M. Micheletti, *Political Virtue and Shopping*（《政治德性与购物》）, New York: Palgrave, 2003; C. Barnett, P. Cloke, N. Clark and A. Malpass, 'Consuming Ethics: Articulating the Subjects and Spaces of Ethical Consumption'（《消费伦理：阐释道德消费的主体与空间》）, *Antipode*, 37 (1) 2005, pp. 23 – 45; R. Harrison, T. Newholm and D. Shaw, eds, *The Ethical Consumer*（《道德的消费者》）, London: Sage, 2005; J. Littler, *Radical Consumption: Shopping for Change in Contemporary Culture*（《激进的消费：为当代文化的变革而购物》）, esp. pp. 6 – 22; 92 – 115.

③ D. Miller, ed., *Acknowledging Consumption*（《认识消费》）, London: Routledge, 1995, p. 31; 比较 p. 40 – 41.

理性关切，来缓和它与物化的自然概念的神秘关系，并且越来越意识到商品对于人类和地球自然资源的真实代价①。这些论点，与米谢莱·米凯莱蒂（Michele Micheletti）在对消费者运动的研究中提出的论点不谋而合。米凯莱蒂认为，

> 　　我们的日常消费选择与环保、工人权利、人权、可持续发展这些重大全球议题存在政治联系。换句话说，存在一种消费品的政治，它要求越来越多的人进行私人的政治思考。②

因此，道德的购物，是我们这个时代更"公民化"的消费方式的一个层面。而另一个层面，涉及对消费生活方式本身的祛魅：对于"美好生活"的其他构想越来越受欢迎，人们现在认为，富裕的代价是压力、时间稀缺、空气污染、交通拥堵、肥胖和一般健康问题③。换句话说，消费主义之所以受到质疑，不仅是因为它的伦理和环境后果，而且是因为它对富裕消费者

① D. Miller, ed., *Acknowledging Consumption*（《认识消费》），p. 47；比较 'The Poverty of Morality'（《道德的贫困》），*Journal of Consumer Culture*, 1（2）2001, pp. 225 – 243.

② M. Micheletti, *Political Virtue and Shopping*（《政治德性与购物》），p. 2.

③ K. Soper, M. H. Ryle and L. Thomas, eds, *The Politics and Pleasures of Consuming Differently*（《另类消费的政治与快感》），Basingstoke：Palgrave Macmillan, 2009；R. Levett, *A Better Choice of Choice*（《选择更好的选择》），London：Fabian Society, 2003；M. Bunting, *Willing Slaves: How the Overwork Culture is Ruling Our Lives*（《顺从的奴隶：过劳文化如何统治我们的生活》），London：Harper Collins, 2004；C. Honoré, *Challenging the Cult of Speed*（《挑战速度崇拜》），New York：Harper One, 2005；J. Tomlinson, *The Culture of Speed: The Coming of Immediacy*（《速度文化：立即性社会的来临》），London：Sage, 2007；N. Osbaldiston, *Culture of the Slow: Social Deceleration in an Accelerated World*（《慢文化：加速世界中的社会减速》），Basingstoke：Palgrave, 2013；H. Shah, 'The Politics of Well-being'（《福利政治》），*Soundings*, 30, 2005, pp. 33 – 44；L. Thomas, 'Alternative Realities：Downshifting narratives in contemporary lifestyle television'（《当代生活方式节目中的慢生活叙事》），*Cultural Studies*, 22,（5 – 6）2008, pp. 680 – 699.

本身的负面影响，以及它对感官快感和更多精神形式的福祉
的限制。对新自由主义经济政策的压力下我们生活中失去的
东西的不断哀叹，以及对更多的自由时间、更好的人际关系、
更慢的生活节奏这些无形产品的频繁关注的背后，就是这种
质疑。无论是对国有铁路服务的怀念（就像曾经一位同行对
我说的那样，"那时我们是乘客，而不是消费者"），对适应工业
需求而非学习的内在回报的教育体系的沮丧，还是对童年的
商业化和年轻人的抑郁现象的震惊，它们都表达一种悲伤的
感觉：只有货币价值才能在我们的文化中战无不胜，只有能盈
利的公共商品才能生存。这些不满的声音不是专门以阶级为
基础的，它们依然是低调的、分散的、政治上不集中的。它们
是人们意识到自己无力对抗企业巨头并且缺乏一致的想法取
代现有秩序，因而发出的沮丧的嘟囔声。但是，这种懊悔和不
安是真真切切的，它汇聚成一种人们普遍的感觉，即我们近几
十年来浪费了享受更轻松和更不狭隘的生活方式的机会。这
也反映在医务人员、福利工作者、学术研究人员对高压和快餐
式生活方式的经济和社会影响的关切上。最新研究表明，购
买更多东西不会带来更多幸福感，经济增长与福利水平的提
高没有直接关系[1]。正如英国一家独立的可持续发展监督机
构（工党在 2000 年设立，联合内阁在 2001 年废除）关于"重新
定义繁荣"的报告所说：

---

[1] New Economic Foundation，'Happy Planet Index'（《幸福星球指数》）；比较"理解可持
续繁荣中心"的出版物（at cusp. ac. uk）；K. Pickett and R. Wilkinson，*The Spirit Level*
（《精神层面》），London：Bloomsbury，2011，（originally published by Allen Lane in
2009），研究了平等与福祉的关系；K. Soper，'A New Hedonism：A PostConsumerism
Vision'（《一种新享乐主义：后消费主义的视野》），Next System Project，22 November，
2017，pp. 26 – 27.

亚伯拉罕·马斯洛（Abraham Maslow）和曼弗雷德·马克斯·内夫（Manfred Max Neef）的突破性作品诞生以来，心理学家和另类经济学家已经证明，消费水平的每一次提高并不会自动增进福祉，我们目前的大部分消费是一个很不充分的替代品，无法以更加满足和持久的方式满足人类的需求。①

最近，人们认识到，一个时间稀缺的、工作压倒一切的社会不利于工人的身心健康，所以许多人呼吁用其他社会财富指标取代 GDP。人们有时戏称 GDP 是"严重扭曲的画面"（Grossly Distorting Picture）。一方面，GDP 忽视了家务和志愿工作等无偿活动的巨大贡献，另一方面，GDP 又包含了处理空气污染、飞机失事、车祸等事故和灾难的后果的利润。人们提出了许多替代方案，比如人类发展指数（Human Development Index），它不光承认以收入衡量的生活水平，还承认预期寿命和知识对于增进福祉的作用。赫尔曼·戴利（Herman Daly）和约翰·科布（John Cobb）在 1980 年代末提出的真实进步指标（Genuine Progress Indicator）包含了家务和志愿工作创造的价值，同时减去了犯罪和污染的代价。更近一些，生态足迹衡量了人类需要多少土地和水源来生产他们消费的资源，并在现有技术下吸收他们的废品。幸福星球指数（Happy Planet Index），则利用生态足迹以及预期寿命和报告的幸福体验，来计算国家的幸福水平。因此，它把国家在提供福祉时的生态效率作为衡量国家成就的关键标

① 英国可持续发展委员会 2006 年 5 月 27 日的报告；同样参见 R. Wilkinson and K. Pickett, *The Spirit Level*（《精神层面》），pp. 7 and 9 中的图表。

准。如果国家在低水平的环境破坏之上实现了高水平的满足和健康,那么,它会在这项指数上得高分。目前,英国和美国等高度工业化国家在这项指数上都得了低分①。

因此,围绕着无节制的消费对我们自己和环境的影响,产生了一种担忧的氛围,这种担忧反映在大量的研究之中。但这种新思想没有真正深入主流政治论点,后者只接受最正统的(和过时的)经济模式和繁荣构想。即使西方的富裕生活方式正不断破坏今天数百万生者和所有子孙后代的基本生存条件,它依然被奉为所有社会应该追求的模式。主流政党和企业精英当然声称他们关注全球变暖,并且支持(通常是在某些胁迫下)减少排放的措施。政府也实施了一些计划,来减少国内消费对环境的附带损害:鼓励和强制废物回收,对塑料袋征税,等等。但是,掌权者当然没有邀请选民更彻底、更广泛地思考进步和繁荣的观念。人们很少或者没有谈论,我们财富生产的目的是什么,以及它是否真的提高了福祉;人们很少或者没有谈论,追求一种不以工作为动力、较少进取性的生活方式可以带来什么。与此相反,政府和主流反对党一直乐于让消费文化维持对于我们福祉的想象和表征的霸权,而且它们继续鼓励我们在上面花更多钱。这种态度,可以在9·11事件后用"爱国购物"证明我们支持西方生活方式的呼吁中看出来(这在很大程度上说明了企业权力依赖于我们对消费主义的持续忠诚)。这一讯息在无休止的广告和许多刺激我们消费的计划中不断重复。我们整个国家的健康和幸福取决于我们进行了多少购物,这种观念在文化上如此根

① 新经济基金会在 2006 年提出了幸福星球指数。在 2016 年 140 个国家的排名中,美国排在第 108 位,英国排在第 34 位。

深蒂固，以至于质疑它反而显得奇怪了。

　　一边鼓励不断扩张的消费，一边宣称关注它不可避免的环境后果，这种现象是矛盾的。当然了，一边承认生态危机，一边不采取行动，有一个很明显的原因，用保罗·梅森精辟的话说，"如果气候变化是真实的，那么资本主义就完蛋了"①。因为全球市场的繁荣并不依靠人类或环境的福利，而是依靠能够盈利的"满足者"（satisfiers）的增加和多样化，所以，反消费主义对于企业来说是灾难性的。向来担忧所谓"需求饱和"的企业投入大量的聪明才智和金钱，来激发新的消费创意。因为它们需要源源不断的未来购买者，所以，它们用大量的预算来培养孩子们过一种消费生活。美国、英国和澳大利亚的孩子们平均每年观看20,000—40,000 个电视广告，营销人员善于用植入广告来掩饰他们的讯息，这种植入会躲过大多数孩子的察觉，甚至常常骗过他们的父母。互联网也提供了屏幕广告和弹窗广告的持续曝光，许多品牌在他们的商业网站上提供游戏问答和其他娱乐活动。根据英国国家消费者委员会的研究，一般的 10 岁孩子已经内化了 300—400 个品牌——这或许是他们能叫出名字的野生鸟类的 20 倍。70%的三岁孩子认识麦当劳的标志，而只有一半孩子知道自己的姓氏②。因为媒体依赖广告收入，所以它很难阻挡广告的流动。因此，那些不聚焦于消费的需求、欲望、快

---

① P. Mason, *PostCapitalism: A Guide to Our Future*（《后资本主义：一份未来指南》），p. 247. 梅森认为，因为否认气候变化的人知道，气候科学破坏了他们的权威、他们的权力、他们的经济世界，所以，他们的立场有一定合理性（与此同时，特朗普总统已经来到了否认的第五阶段：在这个阶段，否认变成了"这是什么鬼？"）。

② J. Ashley, 'The brands have turned us into a nation of addicts'（《这些商标已经把我们变成一个上瘾的国家》），*Guardian*, 10 December 2006. 同样参见 J. Schor, *Born to Buy: The Commercialized Child and the New Consumer Culture*（《为购买而生：商品化的孩子与新的消费文化》），New York：Simon and Schuster, 2004.

感的表征，就被边缘化了。正如贾斯汀·刘易斯（Justin Lewis）在研究广告对于促进消费主义的高度政治性的作用时所说的（他指出，这一作用几乎不受监管机构的管辖）：

> 因为广告不具有回应权（right of reply），所以它的铺天盖地创造了一个片面的政治景观。反过来，想象一下，如果所有这些创造力都用来鼓励我们在消费资本主义之外思考，世界会是什么样子。这将是我们文化环境的一次地震式转变。①

迄今为止，资本主义的左翼批评者更关心消费社会造成的获取和分配的不平等，而不是消费社会如何让我们局限于市场驱动的思维和行动方式。他们几乎总是认为就业优先于其他目标。西方的工人武力抗争和工会活动在很大程度上局限于在现有全球化资本结构中保护收入和雇员权利，没有挑战富裕文化的"工作加消费"（work and spend）的动态，更没有改变这种动态。过去，威廉·莫里斯（William Morris）和爱德华·卡彭特（Edward Carpenter）等社会主义者对另类的消费和生活方式给出了有想象力和激进的想法，尽管他们的讨论在某些方面过时了，但它依然是一个重要的资源②。但是，左

---

① J. Lewis, *Beyond Consumer Capitalism: Media and the Limits to Imagination*（《超越消费资本主义：媒体与想象力的局限》），Cambridge：Polity Press, 2013, p. 90；同样参见本书第4—5章。

② E. P. Thompson, *William Morris: Romantic to Revolutionary*（《威廉·莫里斯：从浪漫主义者到革命者》），London：Merlin Press, 1976；S. Rowbotham, *Edward Carpenter: A Life of Liberty and Love*（《爱德华·卡朋特：追求自由与爱的一生》），London：Verso 2008. 对这种讨论的最新概述，参见 L. Segal, *Radical Happiness: Moments of Collective Joy*（《激进的幸福：集体快乐的时刻》），London：Verso, 2017, pp. 157 – 186.

派也有一种倾向，总是对成就感进行高高在上的、不食人间烟火的解释，而不是以更广泛的方式来思考人类快感的复杂性和潜能，以及在后资本主义社会中如何让它变得更加丰富和陌生。今天，关于未来消费的更有影响力的左翼论述，相信技术能够带来物质富足[①]，而且在某些情况下采用了一种相当传统的"给男孩玩高科技玩具"（hi-tech toys-for-the-boys）的进路。尼克·斯尔尼塞克和亚历克斯·威廉姆斯写道，"左派不应该满足于电池寿命和电脑性能的细微改善，而应该调动起经济脱碳、太空旅行、机器人经济的梦想——一切科幻小说的传统试金石"[②]。

另类享乐主义

虽然目前政客和商人团队中缺乏（或压抑了）另类的愿景，但是，资本主义的局限性和生态要求的矛盾、经济诉求和人类价值的矛盾，正在得到广泛的注意和讨论。一系列广泛但边缘化的项目、生活方式选择、承诺让我们意识到，我们必须找到另一种方式。我正是在这种背景下开始推动我所谓的"另类享乐主义"进路，以赢得人们对可持续生活方式和促进它的治理形式的支持。

不同于对气候变化更加危言耸听的回应，另类享乐主义考察的是采用不追求高速、不以消费为导向的生活方式所获

[①] P. Mason, *PostCapitalism*: *A Guide to Our Future*（《后资本主义：一份未来指南》）; J. Rifkin, *The Zero Marginal Cost Society*: *The Internet of Things*, *The Collaborative Commons*, *and the Eclipse of Capitalism*（《零边际成本社会：物联网、协作共享与资本主义的消亡》）, New York: Palgrave Macmillan, 2014. 对这一点的进一步讨论，参见本书第 4 章。

[②] N. Srnicek and A. Williams, *Inventing the Future*: *Postcapitalism and a World Without Work*（《创造未来：没有工作的世界的后资本主义》）, p. 183.

得的快感。它不是预示着未来的惨淡和厄运,而是指出当前高碳生活方式的丑陋的、清教式的和自我否定的层面。虽然气候变化可能会威胁现有的习惯,但是,它也可以鼓励我们设想和采用更加环境友好的、更加令人满足的生活方式。事实上,另类享乐主义建立在这一观念上:即使消费主义生活方式可以无限持续,它也不会让人类的幸福和福祉超出许多人已经达到的程度。另类享乐主义的倡导者相信,新的欲望形式——而不是对生态灾难的恐惧——更有可能鼓励可持续的消费模式。通过为反体系势力的政治派别的现有论点和主张提供更广泛的文化维度,它可以帮助建立一套更加多样化和实质性的反对经济正统观念的反对意见。它还可以为通过商品、服务和技能的分享、回收和交换网络来超越主流市场供给的各种倡议[慢城运动(Slow City movement)、慢食运动(Slow Food movement)、美好生活(Buen Vivir)、新美国梦(New American Dream),以及目前美国最雄心勃勃的下一个系统计划(Next System project)]提供一套总体的"想象"。

　　总之,反消费主义的伦理和政治不仅应该呼吁利他主义的同情和环保的关切(如公平贸易和道德购物),而且应该呼吁以不同方式生活和消费的利己主义的满足。它可以在现存的对消费文化的矛盾心理和抵制中,为它关于后消费主义生活方式的吸引力的主张进行民主的锚定和合法化。在这个经济理论家预测资本主义的积累能力将要终结[1]、增长的环境障

---

① P. Mason, *PostCapitalism*：*A Guide to Our Future*(《后资本主义:一份未来指南》);W. Streeck, *How Will Capitalism End?*(《资本主义将如何终结》)。斯特雷克对研究这个议题的主要经济学家进行了评论,从而指出,问题不在于资本主义是否会终结,而是资本主义如何终结、何时终结。

碍似乎无法突破的时刻，我们迫切需要恢复对摆脱工作进行积极思考的早期传统，并且把这种传统与另类享乐主义所捍卫的不那么忙碌、较少进取性的生活方式的快感联系起来。换句话说，我们要把工作的减少视为缓解自然和我们的压力的基本条件。如果人员、货物和信息的流通速度降低了，那么，资源消耗和碳排放的速度就可以降低，把省下的时间留给"工作加消费"经济中牺牲的生活艺术和人际关系。这样一来，父母和孩子更容易获得共同养育的好处，个人的成就感也不用过于依靠消费主义的投机取巧了。因此，今天，现存政治经济体系的批评者需要把消费主义的祛魅所隐含的政治愿望结合起来，并且让这种愿望宣泄出来。

第三章

消费、消费主义、快感

　　主流的、富裕的"美好生活"模式不仅具有社会剥削性和生态破坏性，而且对消费者的负面影响也越来越大。什么样的条件和什么形式的机构可以带来更公平的分配，以及更负责的和改善生活的全球资源用法？在这些关切的语境中，另类享乐主义作为一种表达凸显出来。它表达着对于消费主义生活方式所谓的福祉的一些形式独特的（若尚属边缘化的话）矛盾心理和忧虑。它是一种对文化变革的潜在影响，也是推动新的繁荣政治的动力。另类享乐主义也可以被视为关于幸福的新思维的来源，它可以（与其他发展一起）促使我们转向一种更加快乐、社会公正和环境可持续的消费。

消费快感的烦恼

　　这种另类享乐主义的矛盾心理，显著体现在人们对富裕生活的负面副产品(高碳排放、毒性、亚健康、时间稀缺、过劳、不稳定性)的日益关注中。它反映在人们对不再享有的快感所表达的遗憾中。它出现在人们对城市空气污染、海中的塑料、零工经济的雇佣行为、掠夺土地的开发商的愤怒抱怨中。它可能体现在人们对已然消失的玩耍、社交、闲逛与接触大自然的风景、社区与空间的更加微弱和私人的怀旧中。它可能聚焦于食物浪费、快时尚、对儿童的性别化营销或英国大部分地区荒谬的自行车供给不足。它可能表现为一种对商品化的更普遍的哀叹,表现为对不那么忙碌的生活的渴望,或者表现为一种哀歌式的感觉:要不是内燃机占据了主导地位,将会有更好的绿色交通方式,我们所看到、摸到、闻到、听到的农村和城市地区将是截然不同的。又或者,它只是一种在商场或超市中产生的模糊和普遍的不满:它感觉这个世界塞满了物质客体,堆满了废品,由于物产的无限供给和获取而扭曲了优先事项。

需要指出的是,人们总体上无意减少购物、驾车和飞行。这是千真万确的。但是,与此同时,人们日益认为消费主义生活方式是过劳、亚健康、抑郁的主要来源,越来越威胁到在地球其他地方苦苦挣扎的人们和富裕社会的子孙后代的基本生活。即使不是带着愤怒和绝望的心情,人们也普遍意识到了这种消费主义的非理性。它的工作程序和商业模式意味着,许多人的一天始于繁忙的交通或拥挤的火车和公交车,然后剩下的大部分时间紧盯着电脑屏幕,常常干着令人麻木的工作。它的生产生活的大部分,把时间都用来创造一种生产周期和内在淘汰率越来越快的物质文化,这种文化抢占了更加快乐和持久的人类成就感的形式。

公司们没有利用生产效率的提高来缩短工作周,以便我们可以为自己种植和准备更多的食物,反而从向我们出售快餐和熟食中获利。因为我们被剥夺了步行或骑自行车的日常出行的闲暇和设施,所以,我们被强行拉去周末的"健康步行"(应用程序监控着它们),或者被说服购买健身房的自行车或跑步机步行课程。我们或许拥有更长的假期,可以更缓慢地旅行和体验真正的放松,但是与此同时,旅游行业和疗养行业提供了各种盈利的短途休息服务和压力舒缓服务。市场根据商品的真实性和自然性进行宣传和销售,同时又承诺它会满足人们对于市场介入日常生活所引发的失落的怀旧情绪①。在美国,一些购物中心被精心设计来唤起前现代的过去,让人们感觉现代购物活动不曾发生②。正如罗伯塔·巴尔托莱蒂指出的,这种现象是一种更广泛的模式的一个层面。在这种模式下,现代社会

> 面临传统纽带的解体和强烈"归属感"的丧失……必须提出能够推动个体参与社会再生产的新策略,尤其是通过关注他们的情绪。市场在这个框架内发挥了重要作用。事实上,怀旧的商品化可以

---

① 比较 A. Bonnett, *The Geography of Nostalgia: Global and Local Perspectives on Modernity and Loss*(《怀旧的地理学:现代性和失落的全球和地方视角》), London: Routledge, 2016, pp. 21 – 44. 同样参见 L. Boltanski and E. Chiapello, *The New Spirit of Capitalism*(《资本主义的新精神》), London, Verso, 2007.

② M. Farrar, 'Amnesia, nostalgia and the politics of place memory'(《失忆、怀旧与地方记忆的政治》), *Political Research Quarterly*, 64, 4, 2011, pp. 723 – 735, p. 728. 引自 A. Bonnett, *The Geography of Nostalgia: Global and Local Perspectives on Modernity and Loss*(《怀旧的地理学:现代性和失落的全球和地方视角》), p. 23.

被视为这些策略之一。①

因此,消费社会依赖于这一事实:人们准备好把拼命工作和长期工作所赚的钱花在商品和商品化体验上,以取代我们在过度工作和过度生产过程中牺牲的更多样化、更丰富和更持久的满足。

有些人可能会反驳说,我们之所以接受市场的主导地位,只是因为一种与生俱来的不断工作和消费的欲望。但是,果真如此,用来说服我们购买商品的数十亿就没有必要了。就像贾斯汀·刘易斯说的,"消费文化的增长,是广告业的同步增长所促成的。我们拥有的商品越多,广告业越需要努力维持需求"②。许多社会理论家,包括一些对消费主义持相当积极看法的人,都怀疑它带来的满足的直接性,而把这种满足分析为对其他损失的补偿或替代。换句话说,他们认为,这种满足是让我们与剥夺和异化和解,而非内在的满足(一种不那么学术的建议,即把购物视为"零售疗法",呼应了这种观点)③。柯林·坎贝尔(Colin Campbell)称赞消费文化对抗了"本体论

① R. Bartoletti,'Memory tourism and commodification of nostalgia'(《记忆旅游业与怀旧商品化》),in P. Burns, C. Palmer and J. -A. Lester, eds, *Tourism and Visual Culture*: *Volume* 1: *Theories and Concepts*(《旅游业与视觉文化第一卷:理论与概念》),Wallingford, CABI, 2010, pp. 23 – 42, pp. 24 – 25 引自 A. Bonnett, *The Geography of Nostalgia*: *Global and Local Perspectives on Modernity and Loss*(《怀旧的地理学:现代性和失落的全球和地方视角》),p. 28.

② J. Lewis, *Beyond Consumer Capitalism*: *Media and the Limits to Imagination*(《超越消费资本主义:媒体与想象力的局限》),p. 53.

③ Z. Bauman, *Freedom*(《自由论》),Milton Keynes: Open University Press, 1988, pp. 57 – 61; 95 – 98; 比较 *The Individualized Society*(《个体化社会》),Cambridge: Polity Press, 2001; *Community*: *Seeking Safety in an Insecure World*(《共同体:在不安全社会中寻找安全》),Cambridge: Polity Press, 2001; D. B. Clarke, *The Consumer Society and the Postmodern City*(《消费社会与后现代城市》),London and New York: Routledge, 2003, p. 150.

的不安全感",从而弥补了先前的文化导致的"意义感"的丧失①。虽然丹尼尔·米勒曾经抵制对先前社会的怀旧,不认为先前社会提供了更有意义的经验或与我们的需求有着更真切或更实在的关系②,但是,他在最近的作品中也认为消费可以对抗"巨大的制度化力量"所导致的失范③。

如果人们认为富裕社会的消费本质上是补偿性的,那么,在高度担忧生态枯竭的背景下,社会中一些更有反思性的公民把目光投向这种消费"补偿"之外,也没什么奇怪的。不过,这种发展可能并不表示对于回归简单生活的直接兴趣,也不是完全相信关于消费主义欲望和满足的虚假性的简化理论。大多数目前的消费肯定是为了追求欲望,而不是为了满足有时所谓的更加初级、基本或自然的需求④。消费的可持续的替代品,也必须提供独特的人类需求形式,并且提供人们所需要的新奇、兴奋、分心、自我表达和卢梭所谓的自尊心⑤(对我们

---

① C. Campbell,'I Shop therefore I Know that I am: The Metaphysical Basis of Modern Consumerism'(《我消费,所以我知道我存在:现代消费主义的形而上学基础》), in M. K. Ekstrom and H. Brembeck, eds, *Elusive Consumption*(《猜不透的消费》), London and New York: Berg, 2004, pp. 42 – 43.

② D. Miller,'Consumption as the Vanguard of History'(作为历史先锋的消费), in D. Miller, ed., *Acknowledging Consumption*(《认识消费》), London and New York: Routledge, 1995, pp. 1 – 57.

③ D. Miller, *The Dialectics of Shopping*(《购物的辩证法》), London and Chicago: University of Chicago Press, 2001, p. 188.

④ 关于消费欲望的独特特征,参见 C. Campbell, *The Romantic Ethic and the Spirit of Modern Consumerism*(《浪漫伦理与现代消费主义精神》), Oxford: Blackwell, 1987; Z. Bauman, *Freedom*(《自由论》), pp. 58 – 63; A. Giddens, *Modernity and Self-Identity: Self and Society in the Late Modern Age*(《现代性与自我认同:现代晚期的自我与社会》), Cambridge: Polity Press, 1991, pp. 196 – 208; D. Slater, *Consumer Culture and Modernity*(《消费文化与现代性》), Cambridge: Polity Press, 1997, pp. 28 – 29; p. 76.

⑤ 自尊心(amour propre)是卢梭提出的概念,与自爱心相对。具体可参见让·雅克·卢梭,《论人类不平等的起源和基础》,商务印书馆,1962 年,第 184 页。——译者注

尊敬之人的重视和认可）满足①。事实上，与另类享乐主义有关的批判，更多针对的是我们的物质主义社会对欲望的有限和片面的约束，而不是针对欲望文化本身。这里的要点在于人类消费的复杂性、它的不可简化的象征维度，以及确定一些客观的、自然决定的"真实"需求水平的困难。尤其是在所谓政治需求的案例中——比如社会主义理论或马克思主义理论认定的工人阶级或整个人类的那些"真实"需求——如果我们主张它们具有民主合法性，就必须在主观上承认它们。不同于医生认定的病人对血液或血清的需求，这些需求只有在人们感觉它们是自己的需求时才称得上是他们的需求。这意味着，这种主张始终隐含地依赖自觉的体验来验证需求的认定②。由于以上原因，对于宣称对于构成人类满足和成就感的事物有充分认识、试图把这种认识建立在人性的普遍真理中的任何话语，我们都必须保持警惕③。如果我们想给出一种摆脱马克思主义认识的消费主义批判，那么，我们必须追踪人们对其他生活方式的欲望的兴起，即使我们发现它们处于意外的场所，被意外的人群所渴望，而且被日常消费文化的一切平庸性、政治混乱和流俗性所污染（它们除了诞生于日常消费文

---

① 在这一点上，我同意保罗·梅森的观点，即任何适当的替代品都必须反映当前消费的复杂性，P. Mason, *PostCapitalism: A Guide to Our Future*（《后资本主义：一份未来指南》），p. 234f.

② 我的立场类似于阿玛蒂亚·森。他认为，重要的是人们能做什么（他们的"能力"）而不是他们能获得的商品。而且他的进路确保了个体在定义他们需求的过程中的主观参与。不过，我在这里的关注点不是"基本的"需求或能力及其客观性，而是除了基本需求的不可或缺的供给，哪些事物构成了"繁荣"，哪些人声称有权做出决定。另类享乐主义的论点，与关于需求的文献和争论有更直接的关系，参见 K. Soper, 'Conceptualizing Needs in the Context of Consumer Politics'（《在消费政治语境中思考需求》），*Journal of Consumer Policy*, vol. 29, (4), 2006, pp. 355–372.

③ 例如，参见 M. Ramsay, *Human Needs and the Market*（《人类需求与市场》），Aldershot: Avebury, 1992.

化中,还能诞生于何处?)。

因为另类享乐主义批判关注的是消费者自身反应中的模棱两可,所以,它涉及的是现实中新兴的矛盾感觉的文化。它认为,对无形产品(更多的自由时间、更少的压力、更多的人际交往、更慢的生活节奏,等等)的关注,有助于批评消费文化的狭隘物质主义。它很少主张某个阶级的人应该需要什么,渴望什么,实际上消费了什么,而是关注不同消费者自己发现的他们的需求和偏好之中的反消费主义层面。这种观点既尊重了人们的现实经验,又赋予他们一定的自主权①。

不是英雄,也不是傻瓜

按照上述思路进行讨论,就是开创一个与目前的主导框架截然不同的框架,来思考消费、选择和公民身份。尤其是,另类享乐主义对消费自由的理解不同于消费理论的其他进路,比如自由主义、马克思主义或后现代主义。

在传统自由主义观点中,消费者在形式上(如果并非总是在现实中)是真正的"主权"个体:他的选择是自决的和神圣不可侵犯的,而且被假定为始终服从观察和计算的合理性,这种合理性把私人需求和欲望放在首位②。有些解读把这种消费者描绘成启蒙式主体的目空一切、自以为是的表现(根据作者

---

① 比较 K. Soper, 'Counter-Consumerism in a New Age of War'(《战争新时代的反消费主义》), *Radical Philosophy*, 135, Jan – Feb, 2006, pp. 2 – 8.

② C. Campbell, 'I Shop therefore I Know that I am: The Metaphysical Basis of Modern Consumerism'(我消费,所以我知道我存在:现代消费主义的形而上学基础), pp. 36 – 39; *The Romantic Ethic and the Spirit of Modern Consumerism*(《浪漫伦理与现代消费主义精神》), pp. 60 – 86.

的不同,其讽刺程度也不同):这种遵循康德"要敢于认识"①指令的"英雄式的"消费者,坚信他(he)想要的事物,而抵制一切相反的劝说或诱惑。这个消费者是一个"他"的事实,被自由主义观点中的某些倾向所强化。这些倾向把完全理性的、因而是男性的消费者,与天生缺乏理性、因而更容易被不必要和肤浅的商品所诱惑的女性"傻瓜"区分开来。但是,"英雄"和"傻瓜"的性别化区分,并不是否定了自由主义—启蒙运动对于消费者自主性的整体构想。恰恰相反,问题在于,"傻瓜"没有到达它的期待,被视为天生无法实现这种自主性和自由②。市场在任何情况下都毫不关心这种自然倾向的区别,而且主流新古典经济学理论认为,市场的应有的功能只是为有钱可花的人提供最大限度的个性化满足。在提供丰富多样的商品的过程中,它根据本质上的私人消费者的越来越具体的"需求"(或愿望),对消费进行更大程度的定制——消费者对商品的利己主义追求无视社区的需求。如果个体关心他们的消费对社会或环境的影响,那么,他们就是以"公民"而非"消费者"的身份行事③。在这种理论中,消费者被视为一个相对自由的行动者,他的自主权必须得到尊重,但这种自主权只是为了维持他或她的个人生活水平而行使。在这种对于消费自由的解读中,与反消费主义或更具有社区导向性的购买力的行使(或克制)有关的那些价值,是很少见的。

---

① "要敢于认识"(aude sapere),出自康德 1784 年的文章《回答这个问题:什么是启蒙》,具体可参见伊曼努尔·康德,《历史理性批判文集》,商务印书馆,1990 年,第 22 页。——译者注
② D. Slater, *Consumer Culture and Modernity*(《消费文化与现代性》), pp. 33 – 62.
③ 我在第 7 章第 176—177 页重新讨论了这一区分。

这种情况也出现在马克思主义和批判理论的模式中，这种模式认为消费者不是自我指导和自由的（即使有时会被愚弄），而是通过市场和文化的操纵被系统性地剥夺了真正的自我理解①。按照这种解读，消费者所体验到的对于物质商品或文化商品的需求（或愿望）都是意识形态灌输给他的，因而偏离了他真正需要的东西——也就是说，偏离了解放后的社会中真正自由的主体将会选择的东西。自由主义解读下英雄般"自由"的人的购物，跟"傻瓜"的肤浅冲动一样都是异化的。这是因为，掩盖了个体需求真相的消费文化，又通过宣扬对于自决的"自由"的普遍信仰（它实际上否认了这种自由）加剧了这种伤害。换句话说，市场社会扼杀了反抗它的意志，扼杀了享受它的快感系统之外的系统的意志，从而维系它的支配。因此，按照西奥多·阿多诺（Theodor Adorno）的说法——这种双重束缚在他那里得到最充分和最辩证的阐述——商品社会强调个体自主性和强调文化决定论是不自洽的，而且在某种意义上是残忍的：

> 如果说，意志自由的观点把社会不公的重负加
> 诸并不独立的、对社会不公无可奈何的个人，并且不
> 停地用他们必然缺失的东西来羞辱他们，那么另一

---

① T. Adorno, *The Culture Industry*: *Selected Essays on Mass Culture*（《文化工业：大众文化文选》）, ed. J. M. Bernstein, London and New York: Routledge, 1991; 比较 H. Marcuse, *One-Dimensional Man*: *Studies in the Ideology of Advanced Industrial Society*（《单向度的人：发达工业社会意识形态研究》）, Boston: Beacon Press, 1964. W. Leiss, *The Limits to Satisfaction*: *On Needs and Commodities*（《满足的限度：论需求与商品》）, London: Marion Boyars, 1978; W. F. Haug, *Critique of Commodity Aesthetics*（《商品美学批判》）, Cambridge: Polity Press, 1986; C. Lodziak, *Manipulating Needs*: *Capitalism and Culture*（《操纵需求：资本主义与文化》）, London: Pluto Press, 1995.

方面,意志不自由的观点就在形而上学中延续着既成现实的统治,宣布现状不可变易……如果仅仅简单地否定意志自由,那么人就被毫无保留地还原为他们在发达资本主义中的劳动的商品特性这一规范形式。先验决定论和那种从商品社会中抽象而来的意志自由论一样,也是颠倒的。个人本身构成了商品社会的一个要素;个人被赋予了纯粹的自发性,社会却剥夺了他的自发性。①

我们可以在后来的后现代主义进路中,听到这种对启蒙运动主观自由立场的批判的各种回响,其中最有影响的或许是米歇尔·福柯(Michel Foucault)关于“对个体的治理”的论点——他用这个概念分析了现代权力如何借助“个体化技术”让人们服从。这种个体化技术本质上是对自我的规范和监管,而不是应对自然的前话语冲动②。福柯在晚年承认了他的批判与法兰克福学派的批判的相似之处。不过,对于任何认为权力是抑制“真实”需求而不是通过建构“真相”来行使的理论,福柯也始终保持一定距离。当他最直接地谈论消费时(这种情况很少),他的目的是强调通过话语权力对个体选择的持续不断的重新运作,而不是激活消费的深层经济关系的更彻

① T. Adorno, *Negative Dialectics*(《否定辩证法》), trans. E. B. Ashton, New York: Seabury Press, 1973, pp. 263 – 264.

② M. Foucault, ' Afterword, the Subject and Power'(《后记:主体与权力》), in H. Dreyfus, and M. Rabinow, eds, *Beyond Structuralism and Hermeneutics*(《超越结构主义与诠释学》), Brighton: Harvester Press, 1982, pp. 208 – 226; *Power/Knowledge, Selected Interviews and Other Writings 1972 – 1977*(《权力/知识:1972—1977 年访谈和著作选》), ed. C. Gordon, trans. C. Gordon, L. Marshall, J. Mepham and K. Soper, New York: Pantheon Books, 1980, pp. 55 – 62; 146 – 182.

底变革的可能性。就像他在名为"身体与权力"的访谈中说的：

> 在对身体的反叛做出的反应方面，我们可以看到新的运作模式，它不再以压制的形式出现，而是通过挑逗和刺激来进行控制。"把衣服脱光吧————可是要看上去苗条、油亮、晒得黑黑的！"对手的每一次行动，都会得到反应。但这不是左派意义上的"恢复元气"。我们要认识到，这种斗争是不确定的……①

在这里，对于认为有可能终结"恢复元气"从而实现更革命性的事物的任何政治观点——就像阿多诺的论点中所暗示的，尽管只是姿态性地暗示的——福柯似乎都保持一定距离。但是，如果我们回想一下，批判理论家从未把消费视为革命发展的场所，甚至从未设想个人可以利用他们的消费者角色在政治上有所作为，那么，福柯和批判理论家的差距就再次缩小了。相反，福柯和批判理论的分析都认为，作为消费者的个体是在权力传递的终点上被塑造而成的，所以他本质上是话语制度或意识形态神秘化的被动构造。这两种观点都认为个体的选择不可能促进社会其他层面的转变——消费者在两种理论中都不是潜在的政治行动者。

---

① M. Foucault, *Power/Knowledge*, *Selected Interviews and Other Writings* 1972 – 1977（《权力/知识：1972—1977 年访谈和著作选》），p. 57. [中译文引自米歇尔·福柯，《权力的眼睛：福柯访谈录》，上海人民出版社，1997 年，第 170 页。——译者注]

　　这种情况，也出现在最近的后现代主义做法中（许多做法借鉴了福柯关于权力/知识关系的话语理论），它们强调消费对于身份和地位的确立的作用，而且把消费视为"操演"节目的一部分①。因为它们以"碎片化"和"无深度"的主体为前提，所以这些进路必定不会认为消费选择是某种自然的和"主权的"自我的直接表达。但是，它们也不能说消费选择是对更真实的自我的扭曲或歪曲，而商品化和"文化工业"拒绝了这种自我的表达。事实上，从这个角度看，我们最好说消费者既不被视为自由的也不被视为异化的，而是简单地（即实证地）被视为消费文化的沉淀物。虽然消费可能具有符号价值，因而对"身份"的创造至关重要，但是，因为身份创造被视为一个相对短暂和自恋的自我呈现或表演的问题，所以消费在后现代主义理论中不是任何团结的政治行动或共和情绪的载体。后现代性只是允许多元的生活方式、品味、意见在有钱可花的消费者那里找到出口。称赞选择的个性化和多样化的理论家在这样做时，没有考虑到消费对团结项目的影响，他们对这些项目毫无兴趣。在这种消费者理论中，仿佛对自我的"美学"或"伦理"的行为主义实践就是他们的唯一愿望，仿佛他们不关心任何更加稳定和集体有效的赋权形式。齐格蒙特·鲍曼（Zygmunt Bauman）曾经说，后现代主义的表达自由的矛盾在

---

① M. Featherstone, *Consumer Culture and Postmodernism*（《消费文化与后现代主义》），London：Sage, 1991; A. Tomlinson, *Consumption*, *Identity and Style*（《消费、身份与风格》），London：Routledge, 1990; J. Baudrillard, *The System of Objects*（《物体系》），London：Verso, 1996; *The Consumer Society: Myths and Structures*, London：Sage, 1998; Z. Bauman, *Consuming Life*（《消费生活》），Cambridge：Polity Press, 2007; G. Ritzer, *Enchanting a Disenchanted World*：*Continuity and Change in the Cathedrals of Consumption*（《祛魅世界的再魅化：消费大教堂中的连续性和变化》），London：Sage, 2010.

于,它"绝不会让系统及其政治组织被那些仍由系统决定生活(尽管是远距离决定)的人所控制。只要消费者和表达自由在政治上无足轻重,它们在政治上就不会被干涉"[①]。

关注现代消费者在延续消费文化方面的英雄般的自我创造角色的自由主义—主观解读,与强调消费者的系统性方面(无论是在建构、操纵需求和欲望方面,还是在提供消费者用来指称地位和身份的符码方面)的解读,二者显然有重大区别。第一种观点认为消费者行为是生存选择的问题,而第二种观点认为消费者行为是超越性的经济和社会结构及其系统压力和治理形式的非自愿后果。但是,无论我们认为消费者是商品和服务的完全利己主义的购买者,是被操纵的"不自由"受害者,还是系统的自我呈现的"构造",在这三种理论中,消费者都不是可以在直接的个人关切之外对世界负责的反思和负责的行动者。从这个角度看,我们根本无法在这几种不同解读中做出选择:它们都认为消费者遵循私人的嗜好,唯一的差异是,在第一种理论中消费者自由地选择这些嗜好,在后两种理论中这些嗜好被系统所扭曲,或由商品社会建构。因此,社会主义政治对于消费者的反思性和自我认识的议题的立场有时是自相矛盾的:它既想宣称它对消费主义虚假性的批判(以及对人们"真正"需求的隐含认识)具有民主代表性,又想利用消费者的不自由(换句话说,他们所受的意识形态操纵),来解释消费者的实际诉求与它宣称的消费者真正需求的不一致。但是,认为购物狂仅仅是消费社会的不幸和不负责

---

① Z. Bauman, *Freedom*(《自由论》),p. 88.

的受害者,与认为他们是完全自主和自知的受益者,二者都没有说服力。我们需要一种更加复杂和细致的理解,来把握人们对消费社会的不安的、矛盾的反应,我试图在我关于另类享乐主义的讨论中强调这一点。

我当然希望人们关注资本主义经济在消费个性化中的结构性作用,因为如果不参考它,我们就无法理解商品和服务的扩张,以及它们在富裕社会中所采取的形式。更小的家庭单位和更孤立的生活模式、过去家庭制造和供应的商品和服务的市场化、公共交通工具向私人交通工具的转变、品牌营销、对于个人冲动的精心研究,以及商品的个性化:上述一切因素使得企业从大幅增加的商品和服务中盈利,我们原来根本不需要这些商品和服务,或者可以在更少环境代价、更少社会隔离的情况下,更集体性地提供这些商品和服务。资本主义企业的广告和营销试图让消费成为社会地位的标志,鼓励一种攀比的螺旋上升的购买行为,以取代那些不太撕裂社会的花费时间和精力的方式。资本主义告诫人们用他们买得起的东西来定义和评价自身,即使这意味着借钱去买东西。它们不仅把一切事物宣传为全新的或升级的、更大的或更好的、更快速或更智能的,而且不断暗示购买者将获得一些令人羡慕的个人荣誉。在许多此类营销中,我们发现性别刻板印象有助于强化现存的两性区分。品牌大师们针对男孩和女孩提供越来越多特定年龄和性别的商品。青春期前的女孩是时尚和美容文章以及促销杂志的目标,这些杂志预设她们最终会进入传统的性别角色和购物实践。为了给消费主义的车轮加足马力,金融部门随时让贷款唾手可得——并使许多消费者处于长期负债状态(英国 2019 年 11 月未偿还的消费贷款为 2253 亿英镑,美国的家庭债务接近 14 万亿美元)①。

在引起人们关注这些受利润驱动的压力时,我的分析显然与社会主义批判市场和商品美学的早期传统有关。它也与最近一些学者的"实践理论"有关,这些学者批评消费研究与生产脱节,过于符号化,通常过于乐观地关注时尚、自我呈现和确立身份的消费形式,牺牲了不那么自我中心的、更常规的日常消费实践②。就像艾伦·沃德(Alan Warde)指出的,更多的个人选择带来的解放方面无论如何都被夸大了:虽然产品差异化对于盈利来说是必需的,但是"效果没有那么明显。广泛的多样性鼓励了各种微不足道的差异。消费世界与其说被个人审美想象力影响,不如说被商品零售逻辑影响"③。

但是,另类享乐主义进路抵制早期左派反对商品化的家长主义作风。它对消费中的欲望、动机、反思性的理解也不同于实践理论,特别是它强调今天的消费者如何开始质疑那些过去视为理所当然的(食品、交通等的)常规消费形式。我的主要关注点既不是个人特征和个性化标志的消费,也不是作

---

① C. Lilly, 'Debt statistics: How much debt is the UK in?'(《债务数据:英国欠了多少债?》), at www. finder. com, 19 February 2020; 'U. S. household debt at record, nearing $14 trillion-NY Fed'(《美国家庭债务创历史新高,接近 14 万亿美元——美联储》), www. cnbc. com, 13 November 2019.

② A. Warde, *Consumption*, *Food and Taste*(《消费、食物与品味》), London: Sage, 1997; 'Practice and Field: Revising Bourdieusian Concepts'(《实践与场域:修正布尔迪厄的概念》), ESRC, CRIC Publication, April, 2004; 比较 T. Schatzki, *Social Practices: A Wittgensteinian Approach to Human Activity and the Social*(《社会实践:研究人类活动和社会的维特根斯坦进路》), Oxford: Oxford University Press, 1996; T. Schatzki, K. Knorr Cetina and E. von Savigny, eds, *The Practice Turn in Contemporary Theory*(《当代理论的实践转向》), London, Routledge 2001; E. Shove, F. Trentmann and R. Wilks, *Time, Consumption and Everyday Life: Practice, Materiality and Culture*(《时间、消费和日常生活:实践、物质和文化》), Oxford: Berg, 2009.

③ A. Warde, *Consumption*, *Food and Taste*(《消费、食物与品味》), p. 194; pp. 201 – 203.

为相对无意识的"生活方式"的消费,而是一系列(或多或少日常的、或多或少具有身份导向性的)当代消费主义实践如何受到质疑(由于它们的环境后果、对健康的影响、对感官享受和精神福祉的限制)。

在关注今天消费者的质疑和反思性的动机时,另类享乐主义理论对消费的理解,比我们在现有理论视角中发现的更加复杂、更加具有公民导向性。我们在这里谈论的对消费文化的反应,一部分出于对消费主义生活方式在全球范围内的生态和社会后果的利他主义关切,另一部分是出于利己主义。在这种冲动下,个体的行为着眼于富裕消费的个体行为对消费者自身的集体影响,并且采取措施避免这种影响。例如,她可能决定尽可能骑自行车或步行,以免增加汽车使用的污染、噪声和拥堵。这种消费方式的转变的享乐主义方面,不只是一种避免集体富裕的讨厌副产品的愿望,而且是以不同方式消费的内在个人乐趣。骑车者或步行者享受着封闭的开车者无法享受的感官体验,包括与其他骑车者和步行者打招呼的体验。

以这种方式思考的人们,不会用他们—我们、生产者—消费者这种区分对环境破坏的责任进行分配。人们会承认他们的个人消费在创造现代性的健康和安全风险中的作用,而不是把自己视为工业化的无辜和被动的受害者。对这些消费者来说,当他们行使或克制购买力时,优先考虑不是维持和传给后代目前我们定义的高生活水平,而是从现在起以不同的方式消费,从而维持或恢复目前因为"高"生活水平而丧失或受损的商品(以及更公平地对待提供这些商品的劳动者)。他们要做的是在当下享受这些商品，并且把它们可能的享受作为遗产留给子孙后代①。

捍卫这种对所谓进步的抵制的渐进性，不是为了提倡一种更加禁欲的生存。恰恰相反，它是为了强调当代消费文化的感官贫乏和非理性方面。它是为了宣扬人们在选择另一种经济秩序时可能享受的幸福形式。它是为了开辟一种新的政治想象。

什么是幸福

幸福是一个捉摸不透的概念。我们很难断定幸福的质量，很难断定幸福及其相关状态（快感、福祉、满足）实现了多少。对美好生活的评估应该包括什么？是一个个孤立的快乐瞬间的强度，还是整体的满足程度？是避免痛苦和困难，还是成功克服它们？最终谁最有资格决定个人福祉是否增加了？这完全是主观表态的问题，还是可以进行客观评估？

这些议题长期以来都是功利主义福祉进路和亚里士多德主义福祉进路的争论焦点。功利主义在评估生活满足时着眼于对主观体验的快乐的"享乐计算"（hedonic calculus）或对痛苦的避免，而更加注重客观的亚里士多德主义关注能力、功能和成就，以及我们的生活整体的完善（eudaimonia）程度，而不

---

① 比较 K. Soper, 'Re-thinking the "good life"：The citizenship dimension of consumer disaffection with consumerism'（《重新思考美好生活：消费者对消费主义不满的公民意识层面》），in *Journal of Consumer Culture*, no. 7, 2, July 2007, pp. 205 - 229; 'Alternative Hedonism and the Citizen-Consumer'（《另类享乐主义与公民消费者》），in K. Soper and F. Trentmann, eds, *Citizenship and Consumption*（《公民身份与消费》），Basingstoke：Palgrave, 2008, pp. 191 - 205; 'Introduction'（《导论》），to K. Soper, M. H. Ryle and L. Thomas, *The Politics and Pleasures*（《快感与政治》），pp. 1 - 21.

是关注更直接的满足感。捍卫亚里士多德立场的人认为,如果我们拒绝对他人的福祉或过好生活的方法进行客观认识,那么,我们也就没有理由批评那些追求自我毁灭、自私自利、破坏环境的快感形式的人。他们还认为,根据主观感受来构想和衡量幸福,会削弱社会和环境福祉所必需的社区意识和代际连续性①。但是,功利主义的享乐计算,可以考虑更加具有公民导向性的感官快感形式,而且可以记录以对他人和环境负责的方式进行消费的主观满足感——比如在(上文讨论过的)骑车者或步行者的例子中,因为他避免了汽车交通的危险和损害,所以他的个人感官和精神快感得到了强化。此外,上文也指出,归根结底,如果我们关于福祉的主张的针对人群主观上不赞同这些主张,那么,我们很难把这些主张合法化。对享乐主义和美好生活的讨论,必须承认功利主义对经验快乐的重视与完善论传统(eudaimonic tradition)的更客观态度之间的冲突。只重视心情愉悦可能会忽视美好生活和美好社会的更客观的组成部分,而完善论传统虽然公正对待这些组成部分,但是可能会导致恩赐心态(patronage),甚至会纵容专家知识凌驾于个体之上。

　　我们很容易同意,要评判关于生活质量和个人满足的各种主张是复杂的。但是,这不是说今天没有任何证据表明不断扩大的消费具有自我毁灭性。事实上,享乐主义争论的双方都普遍同意,幸福不是无休止地积累更多的物产。虽然享乐主义无法——而且没有——奢望最终解决这一领域的哲学议题,

---

① J. O'Neill, ' Sustainability, Well-Being and Consumption: The Limits of Hedonic Approaches'(《可持续性、福祉和消费:享乐主义进路的局限》),in K. Soper and F. Trentmann, eds, *Citizenship and Consumption*(《公民身份与消费》), pp. 172 - 190.

但是,它通过强调对富裕文化的不满的各种新形式所隐含的关于快感和福祉的叙述,试图开创一种关于美好生活的后消费主义视角,同时依然保持与感官体验的联系。因此,我的另类享乐主义的论点,试图避免关于人们应该需求什么、想要什么的抽象道德说教(尽管我承认我们不能完全避免它),同时阐述和拓展这种对于消费主义的新的内在批判。

民主与政治转型

我认为,另类享乐主义有助于强化彻底的经济政治变革所需的选举资格(electoral mandates)。在一些人看来,这体现了一种对民主进程解决环境危机的力量的过于一厢情愿的信任。他们认为自下而上累积的压力几乎总是违背环境和生态的要求,只有更多自上而下的专制干预才有用。例如,因戈尔夫·布吕多恩(Ingolfur Blühdorn)质疑民主制度在提供可持续福利方面的有效性,并且指出"民主始终是解放性的,即始终关注权利和生活条件的提升……它实际上不适合对影响大多数人的权利或物质条件进行任何形式的限制"①。从这个角度看,我们必须告别解放—民主的乐观主义,这种乐观主义曾经认为自由就是摆脱制度权威和精英所维护的异化和不可持续

---

① I. Blühdorn, 'The sustainability of democracy: On limits to growth, the post-democratic turn and reactionary democrats'(《民主的可持续性:增长的极限、后民主转向与反动的民主派》),*Eurozine*, 11 July 2011, pp. 6 - 7. 布吕多恩指出, D. Shearman and J. W. Smith, *The Climate Change Challenge and the Failure of Democracy*(《气候变化的挑战与民主的失败》),Westport, CT: Praeger, 2007 and A. Giddens, *The Politics of Climate Change*(《气候变化的政治》),Cambridge: Polity Press, 2009, pp. 56, 198 - 199 and 91 - 128, 这些作品都认为,参与性民主在生态政治上是无效的,自由民主制是当前问题的一部分,而不是解决方案。

的增长和生产主义逻辑。它现在已经让位于一种新的解放概念,认为解放是追求消费主义生活方式的个人自由,因而已经顺从了既定的资本主义系统。在布吕多恩看来,在所谓的"后民主"转向之后,期望民主能够给出实现可持续发展的措施是徒劳的,因为这些措施需要深刻的价值观改变,以及接受新的文化限制和结构约束。不同于新兴的另类享乐主义的叙述,他认为,我们要担心的是,在先进的现代社会条件下更多的民主可能意味着更少的可持续性①。

因此,在增长的极限上,民主远远没有促成社会转型,反而已经成为捍卫现状和治理不可持续性的工具。在以政治哲学家而非文化理论家身份考察这些议题时,苏珊·贝克(Susan Baker)以类似方式指出,自由民主制可以被视为本质上违背了可持续发展,因为它用人类利益来衡量一切价值。因此,她怀疑代议制民主推动可持续生活方式的能力②。

这种对自由民主制的怀疑是可以理解的,因为它的政治守护者和捍卫者往往毫不关心塑造需求和满足需求的现实世界,以及这个世界的收入和机会的巨大不平等,毫不关心消费所面临的棘手的环境限制。在自由主义对国家治理需求或监督消费的一切形式的攻击中,人们目前所忽视的是,消费社会本身就施加了"对需求的独裁"。不过,我们也必须说,这些怀

① I. Blühdorn, 'The governance of unsustainability: ecology and democracy after the post-democratic turn' (《对不可持续性的治理:后民主转向后的生态与民主》), *Environmental Politics*, 22 (1), 2013, pp. 16 - 36.

② S. Baker, 'Climate Change, the Common Good and the Promotion of Sustainable Development' (《气候变化、共同利益与可持续发展的推广》), in J. Meadowcroft, O. Langhelle and A. Ruud, eds, *Governance, Democracy and Sustainable Development: Moving Beyond the Impasse* (《治理、民主与可持续发展:走出困境》), Cheltenham: Edward Elgar, 2012, pp. 266 - 268.

疑派自己没有意识到，虽然物质消费的增长在提升大多数人的购物"权利"的过程中是"放任的"，但它同时限制了其他"权利"，比如更多自由、无污染的环境和更少的噪声。他们也没有充分意识到富裕文化的冲突本性——汽车使用者的权利与骑车者和步行者的权利经常发生冲突；希望商店和咖啡馆播放配乐的人与不希望的人；希望机场扩建的人与不希望的人，等等。

同样重要的是，我们要认识到人们是"有条件的合作者"，如果民主投票能够保证其他公民同样采取行动，那么，人们更有可能采取行动应对气候变化的影响以及节约资源。民主似乎极大地强化了相互合作的前景①。此外，从更加哲学的角度看，即使我们可以通过自上而下的对需求的独裁来强加可持续消费，这也必须算作道德和政治的失败——强制的可持续发展肯定会被证明是脆弱和短暂的。正如彼得·维克托（Peter Victor）强调的，政策变化不能光靠上层来推动："它们必须是公众所希望和要求的，因为公众看到，如果我们不再追求无限的经济增长，他们自己、他们的孩子和他人的孩子会有更好的未来。"在维克托看来，唯一的选项就是自下而上——"对消费进一步增长的厌恶浪潮"②。

无论如何，问题在于，怀疑派用什么东西来取代民主转型？他们如何设想他们建议的促进可持续发展所必需的更加

---

① O.P. Hauser, D. G. Rand, A. Peysakhovivh and M. A. Nowak, 'Cooperating with the future'（《与未来合作》）, *Nature*, 511 （7508）, 2014, pp. 220 – 223; World Development Report on 'Mind, Society, Behaviour', Washington, DC: World Bank, 2015, p. 167.

② P. Victor, *Managing without Growth: Slower by Design, not Disaster*（《无增长的管理：通过计划而非灾难实现减速》）, p. 221 – 222.

专制的治理体制？贝克所谓的为了环境福祉而搁置某些自由
主义价值观的"我们"是谁？她如何设想我们或他们能够在某
种立场上这样做？即使我们认为可能出现一个大发慈悲、支
持可持续发展的精英阶层,它除了通过选举资格,还有什么办
法获得必要的权力？（同样的,我们可以质问那些"呼吁"用全
球监管机构来取代民主过程的人:你们在向谁"呼吁"?）这些
对民主的批评本身无法令人信服地说明转型到他们所提倡的
治理形式的替代方案。因为缺少这一说明,所以,我们要么接
受亟需的彻底变革永远不会发生,要么对民主过程的力量保
持一定的信心。

　　这些讨论同样适用于任何由国家推动的大规模退耕还草
和退耕还林项目,这些项目被推崇为气候变化的解决方案①。
这些项目成功实施所必需的土地复垦是如此广泛,对人类消
费和生活方式的影响如此重大,以至于我们很难想象,在缺乏
对于全新的繁荣政治的民主支持的情况下,它如何能够展开。
缩减能源消费的指令,对于可再生能源最终取代化石燃料也
是至关重要的,否则太阳能和风力发电场所需的土地将是无
比巨大的②。修正我们对消费的思考的重要性及其对大众认
可的依赖在这里结合起来,从而证明对于转型文化政治采取

① 例如,本书第 1 章提到的"半个地球"计划。关于"让英国重回荒野"计划,参见 D. Carrington, 'Rewild a quarter of UK to fight climate crisis, campaigners urge'(《让四分之一英国重回荒野》), *Guardian*, 21 May 2019; 比较 G. Monbiot, 'The natural world can help save us from climate catastrophe'(《自然世界可以帮助我们躲过气候灾难》), *Guardian*, 3 April 2019; and rewildingbritain. org. uk.
② 特洛伊·韦泰塞建议,英国全国的土地都应该遍布风力涡轮机、太阳能电池板和生物燃料作物,以维持当前的能源生产水平。T. Vettese, 'To Freeze the Thames: Natural Geo-Engineering and Biodiversity'(《冻结泰晤士河:自然地理工程和生物多样性》), *New Left Review*, 111, May – June, 2018, p.66.

一种另类享乐主义进路是合理的。

不过,即使我们可以如此捍卫另类享乐主义进路,以应对一些批评者的全盘否定,人们依然可能指责它过于依赖个体消费者的反应来改变世界,而没有针对阻碍个人变革的结构和制度障碍。人们还认为它忽视了生产和营销策略对消费者态度的塑造性影响,以及它们对个人消费习惯的客观约束,即使消费者表现出改变这些习惯的兴趣。最后,我所讨论的消费者对富裕生活方式的不满也受到了批评,因为它无视了贫困国家和社区的发展需求。

虽然这些更具体的指责是可以理解的,但是,它们没有完全把握另类享乐主义论点关注"富裕的不满人士"的政治理由。因此,在本章的结论部分,我将展开谈谈,各种新形式的另类享乐主义体验如何从富裕社会的社会政策中产生并促进其改变。我还将展开谈谈这种改变可能引发的一连串压力,以及一种另类繁荣政治的潜在全球影响。

关于前两点:修正的消费范式,确实伴随着资本主义积累和劳动过程重组的新制度。福特主义生产带来了消费规范的重大变化——以前由家庭供应的产品的商业化,生活方式的个性化,郊区化,公共交通向私家车的转变,等等①。这些趋势在信息技术革命时代仍在继续,并且因为互联网对工作和消费的变革、各种个性化电子设备的唾手可得、快时尚的动态和众多商品的品牌营销的剧烈加速而进一步

---

① M. Koch, *Capitalism and Climate Change: Theoretical Discussion, Historical Development and Policy Responses*(《资本主义与气候变化:理论讨论、历史发展与政策反应》), pp. 68 – 75.

强化①。但是，上文已经说过，生产体制和消费体制的这种关联不能证明对消费者反应的完全决定论的解释是合理的，它不能反映人们对更道德的、可持续的生活方式的选择。但是，系统对于另类选择的遏制是真实的，需要我们引起注意。事实上，正是在这一点上，政策干预可以利用主观感受的转变，并使其成为新政策的基础，以削弱或消除这些遏制，同时推进有利于我们自己和地球的生活方式。人们常常引用的例子是，为骑车者提供安全路线和其他设施不仅可以导致更多的骑车出行，以及由此而来的所有健康和福祉的好处，而且可以让每个人体验到汽车出行减少的快感，强化了人们对于向不以汽车为中心的生活方式转型的支持。我在别的作品中提到的相关的例子，是 2003 年 2 月在大伦敦地区实行的拥堵费。这项政策事先求助于一些有利于它的现存民意（predisposition in its favour），因为公众很关注城市汽车带来的交通拥堵和污染。如果不是人们（甚至是伦敦的汽车所有者和使用者）对汽车文化及其对城市生活的影响已经有所不满，这项政策是无法实施的。但是，这项政策的明确支持率很低，对这项政策出台的反应也是矛盾的。如果这项政策进行公投，可能不会得到多数人支持②。但是，一旦它实施了，它带来的好处（更快速和更可靠的公交车，更安静和更无害的街道）扩大了公众的支

---

① J. Schor, ' From Fast Fashion to Connected Consumption: Slowing Down the Spending Treadmill '（《从快时尚到互联消费：让花钱慢下来》）, in N. Osbaldiston, *Culture of the Slow: Social Deceleration in an Accelerated World*（《慢文化：加速世界中的社会减速》）, pp. 34 – 51.

② 参见 K. Soper, ' Re-thinking the " good life ": The citizenship dimension of consumer disaffection with consumerism '（《重新思考美好生活：消费者对消费主义不满的公民意识层面》）, pp. 220 – 222；当一项拥堵费政策实施之前在爱丁堡公投时，它被否决了。

持,后来推动政策进一步扩展①。这种现象体现了另类享乐主义的辩证法,在这种辩证法中,一种最初的、尽管还是含糊的"感觉结构",对某种形式的集体自我监管的实验性出台进行合法化,随后又因为这种监管的积极后果得到扩展和巩固②。

比起推动全球可持续发展所需的监管消费的指令,诸如此类的反消费主义的压力依然是微弱的。但是,这些压力所体现的民主程序——通过这些程序,积极的绿色政策倡议提供了另类的经验形式,从而实现了新兴的感觉结构——可以帮助我们设想经验和政策制定的更大规模的转变,这些转变对于任何向可持续经济秩序的转型都是必需的。

除了指出新的法规和供给模式的好处(更强的可持续性——但是也带来健康的改善、更丰富的感官和审美体验,更舒适的公共空间),迫切推行它们的人还必须求助于一些有利于它们的现存民意。在相当有限和微弱的公众支持的基础上出台的政策举措,可以通过实施之后的积极效果,来克服对客观上的良好做法的主观偏见,从而证明它们是有益的。这种辩证法所提倡的,是一种政府的"赋权"(empowerment)政策所不愿承认的更加复杂的需求意识。这是因为,当国家在意识形态上利用"赋权"概念把我们定位为行使个性化选择的"消费者"时,这一概念同时也成为一种新形式的国家主义傲慢

---

① 关于这一政策的报道,参见 J. Jowit, *Observer*, 15 February 2004;A. Clark, *Guardian*, 16 and 18 February 2004;J. Ashley, *Guardian*, 19 February 2004.

② "感觉结构"(structure of feeling)是文化批评家雷蒙·威廉斯(Raymond Williams)首创的概念,指的是感觉的新兴性或预兴性的反应或质变,它们"并不是必须先等着被定义、分类、合理化了之后再去对经验、对行为施加压力和设置有效限制的"。R. Williams,*Marxism and Literature*(《马克思主义与文学》),Harmondsworth:Penguin,1977,p. 132;比较 pp. 128 – 136.

（statist condescension）的理由。这种傲慢的根源在于，把自我还原为一个只会消费的自我，既无法超越眼前的个人需要，也无法在客观知识的基础上做出决断。这种模式可能会导致我们矛盾性地忽视了公众对环保议题的关切的公民维度①，而且允许专家质疑针对压裂技术、转基因作物等争议问题进行磋商是否明智②。因此，我们可以看到，阐明目前消费者的焦虑表达所隐含的欲望和关切，以及突出它们所指向的另类的快感和满足结构，是至关重要的。这种隐含的另类结构超越和揭露了政府的双面反应，一边呼吁公众采取节能措施，不断警告快餐和缺乏运动的生活方式的健康风险，另一边在经济政策中努力推动消费主义的扩张。这些新的个体体验〔（包括对物质文化美学及其满足感的新观念，以及对消费（或不消费）的潜在政治力量的高度认识）〕，可能不光会加快具体政策的出台，而且会迫使政府更直接地面对它们对增长经济的矛盾立场。任何有助于促进富裕社会内部这种变化的做法都具有更广泛的全球意义，因为富人不成比例的高消费水平是世界上穷人被剥夺的主要因素。

　　另类享乐主义的重点在于个人对富裕消费的不满，以及富裕国家消费者欲望和行为的可能变化。但是，这种改变对于创造更平等的世界秩序的作用，是我更广泛的论点的组成

① J. Clarke，'A consuming public?'（《消费的公众?》），lecture in the ESRC/AHRB Cultures of Consumption Series，Royal Society，London，21 June 2004，included in Research Papers（phase 1 projects）；'New Labour's citizens：activated，empowered，responsibilised or abandoned?'（《新工党的公民：被激活，被赋权，还是被抛弃?》），*Critical Social Policy*，25（4），2005，pp. 447 – 463.

② K. Soper，'Re-thinking the "good life"：The citizenship dimension of consumer disaffection with consumerism'（《重新思考美好生活：消费者对消费主义不满的公民意识层面》），p. 219.

部分。除非各国选民认为对他们的消费进行必要的改变符合他们的利益,否则,致力于可持续福利议程的国际机构和组织仍将是相对无力的,各国政府也没有合作推动这一议程的压力。对于美好生活的另类享乐主义思考,改变了富裕消费者的利己主义构想,因而能够在引发一系列政治压力以实现更公平、更可持续的全球经济秩序方面发挥至关重要的作用。除了赢得富裕国家消费者的支持,一种另类的、生态可持续的美好生活构想,也可能有助于批评目前较不富裕的社会盛行的正统的"发展"观念。

工作及其超越

> 如何让废除工作顺利实现并且在社会上推行，
> 这是接下来几十年的核心政治议题。
> ——安德烈·高兹，《告别工人阶级：论后工业
> 社会主义》①

众所周知，对于英国等核心经济体曾经至关重要的重工业和制造业工作的唾手可得的局面，早已受到威胁。这似乎有两大原因。目前为止最重要的原因是将工作外包给外围经济体（尤其是中国）的影响，中国如今在为第一世界国家生产"物产"（stuff）方面发挥着主导作用。但是，数字技术和自动化如今也正在以越来越快的速度取代人力。一些评论家估

---

① A. Gorz, *Farewell to the Working Class: An Essay on Post-Industrial Socialism*（《告别工人阶级：论后工业社会主义》），pp. 3 – 4.

计,越来越复杂的计算机应用,甚至开始在脑力劳动(如翻译和阅读法律文件)上取代人类,而且快速增长的机器人和无人机被用于工厂和仓库的非技术性工作中,这将导致在不久将来的大规模失业①。

应该说,虽然这些趋势很有力,但目前的就业率依然很高:人们还有工作可干,而且还在"创造"工作,尤其是在服务业。而且,人们还继续强调,甚至愈发强调工作的中心地位,新自由主义的捍卫者认为工作是获得社会产品资格的唯一手段。但是,如果工作岗位淘汰的趋势像杰里米·里夫金(Jeremy Rifkin)、保罗·梅森等人说的那样有力和不可阻挡,那么,这种趋势是资本主义本身的一大难题,因为失业会引起社会动荡,而且工资一直是消费者获得购买力的手段。新技术带来的压力也使得美国的伯尼·桑德斯(Bernie Sanders)等人以及英国工党部分成员所追求的"老左派"的、以增长促就业的补救措施缺乏说服力。在新自由主义进路和老左派进路中,就业的长期稳定取决于持续的经济增长。正如我在前三个章节中说的,对增长的追求与我们必须采取的应对全球变暖和其他环境破坏的行动是不相容的。在这个意义上,墨守成规的做法不仅是很难捍卫的,而且是不可能追求的②。

---

① J. Rifkin, *The Zero Marginal Cost Society*: *The Internet of Things*, *The Collaborative Commons*, *and the Eclipse of Capitalism*(零边际成本社会:物联网、协作共享与资本主义的消亡); P. Mason, *PostCapitalism: A Guide to Our Future*(《后资本主义:一份未来指南》); N. Srnicek and A. Williams, *Inventing the Future*: *Postcapitalism and a World Without Work*(《创造未来:没有工作的世界的后资本主义》)。
② 比较 S. Barca, '"An Alternative Worth Fighting For": Degrowth and the Liberation of Work'(《值得奋斗的另类道路:去增长与工作解放》), in S. Barca, E. Chertkovskaya and A. Paulsson, eds, *Towards a Political Economy of Degrowth*(《走向一种去增长的政治经济学》), London and New York: Rowman and Littlefield, 2019.

于是,工作变得稀缺起来。它只能给越来越少的人提供社会身份和终生收入,富裕世界的许多人曾经认为社会身份和终生收入是理所当然的①。此外,过去二十年来发表的大量研究表明,工作越来越引起许多有工作的人的反感②。即使遥遥领先的高薪人群,也感受到 7×24 小时工作文化的压力,以及技术驱动的工作和闲暇边界的混淆。这种情况,对于新兴的数字经济中高薪、但通常自由职业的人群尤其如此。就像保罗·梅森指出的,因为他们的薪水是为了生存,为了给公司出谋划策,为了完成目标,所以对他们来说薪水和固定工作时间是无关的③。有一些人,即使不完全陶醉于这种以工作为中心的生活,至少也会在家庭和工作之分的瓦解中体验到一种崇高的快感。或许正是为了他们,类似 WeWork 这样的企业才成立了。WeWork 已经在 20 个国家开展业务,为自由职业者提供笔记本电脑空间和其他设施,而最近成立的 WeLive 在同一栋建筑物楼中出租办公空间,以及一系列小型单间公寓和

---

① 理查德·桑内特已经注意到这种趋势(他所谓"社会资本主义"的消亡),尤其是在处于金融和技术变革前沿的公司中。Richard Sennett, *The Culture of the New Capitalism*(《新资本主义的文化》), New Haven and London: Yale University Press, 2006.

② A. Gorz, *Reclaiming Work: Beyond the Wage-Based Society*(《改造工作:超越以工资为基础的社会》), trans. C. Turner, Cambridge: Polity Press, 1999; A. Hochschild, *The Time Bind*(《时间约束》), New York: Metropolitan Books, 1997; R. Fevre, *The New Sociology of Economic Behaviour*(《经济行为的新社会学》), London: Sage, 2003; J. de Graaf, ed., *Take Back Your Time: Fighting Overwork and Time Poverty in America*(《夺回你的时间:反对美国的过劳和时间贫乏》), San Francisco: Berret-Koehler, 2003; M. Bunting, *Willing Slaves: How the Overwork Culture is Ruling Our Lives*(《顺从的奴隶:过劳文化如何统治我们的生活》), London: Harper Collins, 2004; A. Hayden, *Sharing the Work, Sparing the Planet: Work-Time, Consumption and Ecology*(《分担工作,保护地球:工作时间、消费和生态》), London: Zed Books, 2013; K. Weeks, *The Problem With Work*(《工作的难题》), Durham, NC: Duke University Press, 2011; D. Frayne, *The Refusal of Work*(《对工作的拒绝》), London: Zed Books, 2016 and 'Stepping outside the circle: the ecological promise of shorter working hours'(《走出循环:缩短工作时间的生态承诺》), *Green Letters: Studies in Ecocriticism*, vol. 20, 2, 2016, pp. 197–212.

③ P. Mason, *PostCapitalism: A Guide to Our Future*(《后资本主义:一份未来指南》), p. 209.

半公共生活空间①。通过推动工作和家庭之分的模糊,这类企业有助于让这种模糊常态化,也许在某些方面使其更容易被容忍。而且在一定程度上让这种模糊更加被容忍。因为WeWork现在濒临倒闭②,所以它可谓是创意工作者的自由职业经济所创造的公司——或所谓"弗莱音乐节经济"③——的短暂性和空洞性的一个有益的例子。正如大卫·格雷伯(David Graeber)有力地证明的,在公司法、学术和医疗管理、人力资源、公共关系等领域的金融服务部门和急剧扩张的行政部门工作的人,普遍默认他们的工作是"狗屁"(bullshit)。格雷伯写道:"成千上万的人把他们的职业生涯全部拿来做他们压根不信有需要去做的差事,在欧洲和北美尤其严重。这种情形使人离心离德,是划过我们集体灵魂的一道疤,但恐怕不曾有人对此表示意见"④。

自由职业者,即使是高薪的自由职业者,也可以算作不断增加的"朝不保夕者"(precariat)的一员,就业不稳定和不安全

---

① 参见 John Harris，'What Happens When the Jobs Dry Up in the New World? The Left must have an answer'(《当新世界的工作机会枯竭时会发生什么? 左派必须有一个答案》),*Guardian*,16 January 2018.哈里斯认为,工作和业余的壁垒的打破、任何有意义的家的概念的瓦解,体现在科技行业的方方面面,而且"体现在大型科技公司强调的我们随时'在线'——检查社交媒体信息,发送邮件,联络同事。同样的事情,更明显地体现在越来越多的网络家庭工作者之中——译者、简历写手、IT承包商、数据输入员。他们的生活往往是所谓的灵活性和日常不安全感的非常现代的混合物。"比较 P. Mason，PostCapitalism：A Guide to Our Future(《后资本主义：一份未来指南》),p. 209f.；J. Crary，*24/7: Late Capitalism and the Ends of Sleep*((7×24小时：晚期资本主义与睡眠的终结),London：Verso，2014，pp.70-71.

② 当我创作本书时(2019年11月),WeWork已经濒临破产。

③ 此处指的是那场闹得沸沸扬扬的热带小岛音乐节,人们花了数千美元参加音乐节,却发现一座空空如也的小岛,根本没有什么派对。比较 I. Kaminska，'The entire economy is Fyre Festival'(《整个经济就是弗莱音乐节》),*Financial Times*，21 February 2019，ft.com.

④ D. Graeber，'On the Phenomenon of Bullshit Jobs：A Work Rant'(《论狗屁工作现象》),*Strike*! magazine，3 August 2013.

对他们来说已经是常态了(弗朗切斯科·迪·贝尔纳多提醒我们,都市中心区之外处于资本主义下的工人一直如此)[1]。早在 2006 年,理查德·桑内特就注意到美国和英国的临时工作和短期合同的迅速扩张[2]。盖伊·斯坦丁(Guy Standing)的近期作品追踪了"朝不保夕者"的后续发展,这个新阶级"由每个发达工业国家和新兴市场经济体的数百万人组成",而且它

> 通过暂时的工作分配("临时工化")、劳务派遣、基于互联网的"平台资本主义"中的"任务"、灵活的日程、随叫随到和零时合同等,被迫接受和习惯这种不稳定的劳动生活。更重要的是,这些属于朝不保夕者的人没有职业叙事或身份,不觉得自己有一段职业生涯。[3]

闹得沸沸扬扬的英国对"零工经济"的滥用,很典型地说明了朝不保夕的工作对工人意味着什么[4]。尤其是对于从事

---

[1] 迪·贝尔纳多写道,"朝不保夕实际上不是一种'新'状况,不是后福特主义的劳动和生产的空前变革的结果,而是回归前福特主义和前福利国家劳动状况的一个症状……朝不保夕不过是资本主义下工人阶级的状况。它一直是这样,而且将会一直这样"。Francesco Di Bernardo, 'The Impossibility of Precarity'(《朝不保夕的不可能性》), *Radical Philosophy* 198, July – Aug 2016, pp. 7 – 14.

[2] R. Sennett, *Culture of the New Capitalism*(《新资本主义的文化》), p. 49. 妮娜·鲍尔认为,朝不保夕是后福特主义时代普遍的"工作女性化"的主要例子, Nina Power, *One Dimensional Woman*(《单向度的女人》), Winchester: Zero Books, 2009, pp. 20 – 22.

[3] 参见 G. Standing, *The Precariat: The New Dangerous Class*(《朝不保夕者:新的危险阶级》), London, Bloomsbury, 2016 (4th edition). 本段引文来自斯坦丁在"伟大转型倡议"网站上对他的发现和论点的总结。Guy Standing, 'The Precariat: Today's Transformative Class?'(《朝不保夕者:今天的变革阶级?》), greattransition. org; accessed 19 October 2018.

[4] 关于虚伪的自我雇佣(self-employment),以及 2012 年成立的英国独立工会(The Independent Workers Union of Great Britain)为了保护深陷泥潭的人们所做的杰出工作,参见 Y. Roberts, 'The Tiny Union Beating the Gig Economy Giants'(《小公会打倒经济巨头》), *Observer*, 1 July 2018.

非技术性工作的人来说,不安全感伴随着不合理的工时、工作上的恶劣待遇、管理纪律的持续约束。最差的情况下,工人必须忍受各种侵犯性的监视。在最近关于时跑特公司(Sports Direct)的报告中,下议院商业、能源和工业战略委员会记录了这些监视——这些做法被报告称为"骇人听闻的"[①]。正是这类工人,发现他们本就朝不保夕的工作受到自动化的进一步威胁:平均只需要不到一分钟的人力,亚马逊就能把买家的包裹准备好[②]。与此同时,亚马逊被指责"像对待机器人一样对待员工"。一位女性员工称,她在怀孕期间被要求"在没有椅子的情况下站立十小时"[③](在别的地方可能更糟糕:美国有的家禽业工人被要求穿上尿布,因为他们不准上厕所[④])。这种工作显然无法成为意义或自豪的来源——尤其是当工人的教育水平常常超出他们能找到的工作的要求时。除非他们有机会过上更有成就感的生活,否则,陷入这种工作的人所感到的怨恨和挫折可能会把他们吸引到新的民族主义右派政客那里[⑤]。

[①] 这份报告及相关文件,参见'Working practices at Sports Direct inquiry'(《时跑特公司的工作实践》),Report published on Friday, 22 July 2016;www. parliament. uk;accessed 14 November 2018

[②] 参见 CNN 的报道,M. McFarland,'Amazon only needs a minute of human labor to ship your next package'(《亚马逊只需要一分钟的人力就能送出你的下一个包裹》),6 October 2016;www. money. cnn. com;accessed 15 November 2018.

[③] 参见 S. Butler,'Amazon Accused of Treating UK Warehouse Staff Like Robots'(《亚马逊被指责像对待机器人一样对待英国仓库员工》),*Guardian*, 16 May 2018.

[④] 这是乐施会总干事温妮·比安伊玛(Winnie Byanyima)在 2019 年达沃斯会议上关于工人尊严的讲话中指出的。参见 M. Farrer,'Historian berates billionaires at Davos over tax avoidance'(《历史学家在达沃斯指责亿万富翁避税》),*Guardian*, 30 January 2019.

[⑤] 对这一现象的讨论,参见 C. Offe, *Disorganised Capitalism*(《无组织的资本主义》),Cambridge:Polity Press, 1985;同样参见 Z. Bauman, *Liquid Modernity*(《流动的现代性》),Cambridge:Polity Press, 2000;U. Beck, *The Brave New World of Work*(《工作的美丽新世界》),Malden, MA;Polity Press, 2000;G. Standing, *The Precariat:The New Dangerous Class*(《朝不保夕者:新的危险阶级》).

在别的情况下,还有其他类型的压力。在正式的等级分明的职场关系较少的地方,通常会有新形式的社团主义压力(corporatist pressure),以及对于忠诚度的可笑的期望①。"情感劳动"(affective labour)现在是零售和服务行业工人的日常要求。保罗·迈尔斯克夫(Paul Myerscough)记录了,百特文治餐厅的应聘者必须表现出:

> 对"百特守则"(它们列在公司网站上)的天然遵守。他们"不希望看到的"17件事,包括"喜怒无常或脾气暴躁""顶撞客人""老谋深算""只想着赚钱"。他们"希望看到的"事,包括"踏实工作""乐在其中""与人为善"。百特文治的员工……"永不言弃""乐于助人""随叫随到"。在一天的试用期后,同事们会投票决定你是否符合条件。

如果员工们完全真诚地遵守这种笑脸相迎的要求,那将是令人惊讶的。不过,迈尔斯克夫正确地指出,"情绪可得性"的表演中的"情感展示",是晚期资本主义服务业的工作所必需的②。

上文已经提到,那些怀疑他们的工作——"狗屁工作"——没有更大用途的人所感受到的冲突。许多生产活动,无论对工人的经济生存多么重要,其产生的商品和服务对地

---

① 比较 P. Mason, *PostCapitalism: A Guide to Our Future*(《后资本主义:一份未来指南》),pp. 207 – 213.
② 参见 P. Myerscough, 'Short Cuts'(《捷径》), *London Review of Books*, 3 January 2013.

球来说是不可持续的,甚至已经损害了他们子孙后代的前景。无论是在机场处理行李,开发广告定位软件,在加油站收银,准备垃圾邮件,还是包装无数的可收集的塑料贴纸来激发超市里的儿童购买力(pester-power),这些员工都可能在个人层面上感受到一种矛盾,这种矛盾反映了全球层面的生态可持续性和资本主义扩张的矛盾。毕竟,人既是公民,也是工人。但是,工会认为他们的首要职责是维护工作和工资,往往不愿意处理这种日益矛盾的局面,而且倾向于忽视它在宏观和微观层面上引发的冲突。

直到最近,联合工会①一直反对工党中想废除三叉戟核潜艇系统的人。当工党 2016 年大会宣布未来工党政府将禁止页岩气压裂技术时,代表能源行业工人的 GMB 公会②抨击这一决定是"无意义的"和"疯狂的"③。即使联合工会包括在能源行业工作的成员,但是它反对压裂技术,而且它最近再次呼吁停止在兰开夏郡的钻探④。其他工会,尤其是通信工人工会⑤,目前采取了更加"后工作"的方向,作为克服工会在当代资本

① "英国联合工会"(Unite union),2007 年 5 月 1 日成立的工会组织,不过其历史可追溯至 1922 年。目前是英国第二大公会,约有 120 万成员。——译者注
② GMB 公会,全称"普通工人、市政、锅炉制造商联合工会"(General, Municipal, Boilermakers' and Allied Trade Union),是一个历史悠久的工会组织,在埃莉诺·马克思(Eleanor Marx)的帮助下,由威尔·索恩(Will Thorne)于 1889 年成立,约有 60 万成员。——译者注
③ 参见 J. Stone, 'Unite union vote to keep Trident at Labour's Party Conference'(《联合工会在工党大会上投票赞成保留三叉戟号》), Independent, 27 September 2015;R. Mason and A. Vaughan, 'Labour's pledge to ban fracking in the UK is "madness", says GMB'(《GMB 公会表示,工党承诺在英国禁止压裂技术是疯狂的》), Guardian, 26 September 2016. 不过,有迹象表明,GMB 公会将在工党 2019 年大会上改变立场。
④ 'Unite calls for fracking to be halted as further tremors strike Lancashire'(《兰开夏郡再次发生地震,联合工会呼吁禁止压裂技术》), 30 October 2018;www. unitetheunion. org; accessed 14 November 2018.
⑤ "通信工人工会"(Communication Workers Union),1995 年 1 月成立的工会组织,不过其历史可追溯至 1920 年。目前约有 11 万成员。——译者注

主义面临的一些矛盾的途径①。通信工人工会主席戴夫·沃德承认独立智库"自治"（Autonomy）关于缩短工作周的报告的重要性,他写道:

> 英国工人受到前所未有的压力,要求他们更努力、更快速地工作,工作时间更长,报酬更低。正如这份报告强调的,随着职场压力的增加和心理健康问题的加剧,这根本不是一条可持续的道路,我们需要彻底改变方向。我们必须消除低投入、低工资、低生产力的经济,而缩短工作周应该成为变革斗争的核心。这不是一种遥遥无期的前景——通信工人工会已经让英国最大的雇主之一"皇家邮政"缩短了工作周,目标是在 2018 年—2021 年底为成千上万邮递员减少 4 小时工作时间。减少工作时间对工人、雇主、整个国家都有巨大好处,政府现在应该推动这一议程。②

无论工人们是否被这些更大的议题困扰,他们都会意识

---

① 'Agreement between Royal Mail Fleet and CWU on implementation of the first hour of the Shorter Working Week'（《皇家邮政船队与通信工人工会就"缩短工作周"达成协议》）, 8 August, 2019, www.cwu.org；同样参见 K. Bell, 'A four-day week with decent pay for all? It's the future'（《每周工作四天就能有体面的工资？这就是未来》）, 30 July 2019, www.tuc.org.uk.

② *The Shorter Working Week*：*A Radical and Pragmatic Proposal*（《缩短工作周：激进而务实的建议》）, Autonomy：Cranbourne, Hampshire, 2019. 英国工会联盟（Trade Unions Congress）的权利、国际、社会和经济部负责人凯特·贝尔（Kate Bell）也赞赏这份报告, 谈到了"工会在实现该报告方面的关键作用"。有关这些议题的更加学术的研究,参见 S. Barca, 'On working-class environmentalism: a historical and transnational overview'（《工人阶级环保主义：一份历史性和跨国性的概括》）, *Interface*, vol. 4, 2, 2012, pp. 61 - 80.

到,他们的工作越来越容易影响家庭、社交、休闲,这些领域曾经是与工作分离的,而且提供了逃避工作的渠道①。这些影响不仅针对工人的健康,而且针对家庭生活②。因为托儿服务太昂贵,工资低的父母只能轮流换班,而且可能很少见到对方,也没时间陪伴孩子。沉迷于他们的工作带来的个人荣誉、可以付钱找别人帮忙的富裕的工作狂,或许没有感受到时间的限制,但即使是他们,也要付出随时"在线"的代价——检查社交媒体信息,发送邮件,联络同事③。由此导致的 60 小时或 70 小时的工作周,限制了可用于其他活动和关系的时间。这种情况导致人们依赖市场化的家庭和护理服务,从而维持一种消费文化的补偿动力,这种文化从这些服务的商品化中获利以补偿过劳导致的损失,而且倾向于强化传统的性别分工④。

　　时间稀缺和被工作需求支配的感觉限制了个人自由:你

---

① 我们很难解读平均工作时间的数据,因为它们没有单独考虑兼职工人。经济合作与发展组织最近(2017 年)的一份报告显示,英国的工作时间比几个欧盟国家更长,但比美国、俄罗斯、爱尔兰更短。参见 O. Smith, 'Which nationalities work the longest hours?'(《哪些国家的工作时间最长?》), *Daily Telegraph*, 7 February 2018. 工作已经成为损害生活乐趣的负担,这种观点在前文提到的几本书中都有论述。尤其是 M. Bunting, *Willing Slaves: How the Overwork Culture is Ruling Our Lives*(《顺从的奴隶:过劳文化如何统治我们的生活》); K. Weeks, *The Problem With Work*(《工作的难题》); D. Frayne, *The Refusal of Work*(《对工作的拒绝》)。

② 在英国,女性更充分地参与到工作的世界中,而这一变化却没有伴随平均工作时间的减少,这种情况加剧了家庭的时间压力,从而增加了所有劳动者的压力。'Work-related stress, anxiety or depression statistics'(与工作有关的压力、焦虑、抑郁的统计数据), at: www.hse.gov.uk. 这项统计显示,2018/2019 年度出现了 602000 个压力的个案(每 100000 个工人中有 1800 个)。最近的估计显示,37% 与工作有关的亚健康来自压力、抑郁、焦虑,45% 的工作时间因为健康状况不佳而白白浪费了。参见 W. Stronge and D. Guizzo Archela, 'Exploring our latent potential'(《开发我们沉睡的潜能》), *IPPR Progressive Review*, vol. 25, 2, Autumn 2018, p. 226.

③ 参见 John Harris, 'What Happens When the Jobs Dry Up in the New World? The Left must have an answer'(《当新世界的工作机会枯竭时会发生什么? 左派必须有一个答案》)。

④ 参见 K. Weeks, The Problem With Work(《工作的难题》); V. Bryson, 'Time, Care and Gender Inequalities'(《时间、照护与性别平等》), in A. Coote and J. Franklin, eds, *Time on Our Side: Why We All Need a Shorter Working Week*(《时间在我们这边:为什么我们需要更短的工作时间》), London: New Economics Foundation, 2013.

越是忙于工作,就越没时间设想其他生活方式,更不用说采取其他生活方式,也没有时间对现有体系进行考察或展开政治反抗。"工作加消费"的文化,通过窃取人们的时间和精力阻碍了自由思考和批判性反抗的发展。它用来驱动增长,并且维持收入、教育和文化资本不平等的各种方法,也有助于保护它不受政治颠覆。那些饱受时间稀缺之苦的人,不太可能带头革命来反对导致时间稀缺的工作实践。但是,如果工作世界的矛盾已经积重难返,过去有效的生产和就业策略已经无能为力,那么问题就来了:这些困难的、但早该提出的问题。这些问题是关于如何应对这样一种局面:对工作祛魅的新形式,以及我们对工作对地球的影响和它所创造的物产的不断加剧的道德关切,伴随着对工作本身的废除。这些问题让我们走向新的问题,关于如何构想生产的目的和人类繁荣的定义的问题。

少工作的快乐

于是,在进入一个更具前瞻性和探究性的领域时,我想说的是,未来可能出现的工作稀缺——虽然许多人无疑认为它是迫在眉睫的重大危机——或许更应该被视为一次机会,我们可能姗姗来迟地抓住这次机会,用更轻松的生活方式取代以工作为中心的生活方式。虽然这个建议今天听起来是乌托邦的,但是 20 世纪早期以来,工业生产将带来"闲暇时代"的想法即使在主流圈子中也是流行的。约翰·梅纳德·凯恩斯(John Maynard Keynes)在 1930 年的《我们孙儿辈的经济可能性》中预测,到 2030 年我们一周只工作 15 个小时。凯恩斯认为,稀缺问题届时将迎刃而解,人们可以转而解决更深的问题,比如"怎样利用自己的自由却不触犯经济利益,怎样填充科学和福利为它赢得的空闲以获得明智、舒适和美好"[1]。因此,在凯恩斯看来,后工作社会显然是一个晚熟儿(late developer)。新近的经济学家朱丽叶·朔尔(Juliet Schor)在 1991 年的作品《过劳的美国人》中,最为戏剧性地描绘了凯恩斯写下那篇文章后潜在自由时间的消亡:

> 1945 年以来,只有 5 年生产力不曾提高。美国工人的生产力水平不止翻了一倍。换句话说,我们现在用 1948 年一半时间,就可以生产出 1948 年的生活水平(以市场上的商品和服务来衡量)。我们事实上可以一天工作四小时。或者我们可以一年工作六个月。或者,美国每个工人可以干一年休一年——而且是带薪休假。虽然这听起来不可思议,但是,这不过是对于生产力提高的简单计算。[2]

事实上,美国的实际情况是(就像在别的地方一样,关于这个议题的任何政治选择都被经济的指令所排除),自由时间从 1973 年以来减少了近 40%。虽然 1990 年的美国人平均拥

---

[1] 这段(经常被引用的)引文,来自凯恩斯 1930 年的《我们孙儿辈的经济可能性》,引自 D. Frayne, *The Refusal of Work*(《对工作的拒绝》), p. 200;以及 P. Frase, *Four Futures: Life After Capitalism*(《四种未来:资本主义之后的生活》), p. 43.

[2] J. Schor, *The Overworked American: The Unexpected Decline of Leisure*(《过劳的美国人:闲暇的空前消亡》), New York: Basic Books, 1991, p. 2.

有和消费的商品是 1948 年的两倍多,但他们的闲暇时间也大大减少。我们不妨猜测一下,朔尔做计算后的这 30 年释放了多少自由时间,以及多少时间被用来生产消费品(虽然我们确实知道,十分之一的美国家庭租赁储物空间来摆放多余的杂物)[①]。

我们错失了这次机会,是有原因的:希望继续从"墨守成规"中获利的行业领袖的权力;未来可能没有工作日程表、(在某些工作中)没有雇佣劳动(paid employment)的目的感的工人们的恐惧;单个员工担忧减少工作时间是否会导致收入损失的问题;整个社会担忧在经济上和政治上支撑一个工作减少的社会的问题(本章后面将讨论这一问题)。而且人们普遍怀疑凯恩斯所说的相对来说未被探索的"更深的问题":我们如何最明智地、愉悦地利用这些时间?

在这个问题上,我认为,目前左派当中基本有两种对立的回答:一种是技术乌托邦主义,一种是另类享乐主义。它们的本质差异在于,技术乌托邦主义者相信数字技术和自动化能够消除与几乎所有形式的照护和供给的工作有关的苦差事,而且能够提供大量我们正在消费的商品[②]。虽然他们提出的后工作未来被视为(由于智能能源)更加绿色和(由于机器人和无人机帮我们干了大部分事)更加闲暇,但是它本质上依然是消费主义的,因为它的大部分快感是与机器和高科技设备

[①] J. Schor, *Plenitude: The New Economics of True Wealth*(《丰裕:真实财富的新经济学》),p.38. 虽然这种现象一部分是因为更小的住宅单位,但是,它说明住宅用于储存的部分自 1995 年以来增加了 65%。

[②] 在这一点上,我想到的是上文提到的保罗·梅森、杰里米·里夫金、尼克·斯尔尼塞克和亚历克斯·威廉姆斯的作品。

的可得性和使用有关。

与其相反,另类享乐主义不希望彻底废除人类承担的工作。即使这种废除是可能的,它也是不可取的。我同意安德烈·高兹的观点,一个力求让劳动更令人满意、更轻松的社会,依然需要大量他律的工作(满足社会和社区需求的工作,它的组织方式或许不会给予工人对劳动过程的控制,或提供太多的内在满足)①。另类享乐主义者当然赞赏自动化和绿色技术在增加自由时间方面的作用,但是他们没必要认为,家务和照护工作——打理一幢房子,尤其是照顾孩子和身体不好的人——只是浪费时间,可以的话不如交给自动化系统。在讨论能否用机器取代人类的"照护工作……包括抚养儿童"时,尼克·斯尔尼塞克和亚历克斯·威廉姆斯承认,我们赋予这些工作"道德地位",而且"许多人认为它们必须由人类承担"。但是,他们闭口不谈我们可能从这些角色中获得的满足,以及被照顾者的体验和需求②。对于后一点,彼得·弗拉塞(Peter Frase)——他同样质问,"一些更复杂的情感层面的照护"是否必须由人类来提供——持更加乐观的看法。他认为,毕竟许多人喜欢猫猫狗狗,"如果人们从没有感觉的动物身上获得情感安慰,为什么不从机器人身上获得呢……机器

---

① A. Gorz, *Farewell to the Working Class*: *An Essay on Post-Industrial Socialism*(《告别工人阶级:论后工业社会主义》);*Reclaiming Work*: *Beyond the Wage-Based Society*(《改造工作:超越以工资为基础的社会》);*Critique of Economic Reason*(《经济理性批判》),London: Verso, 1989. 对于高兹的作品的最新概括,参见 F. Gollain, trans. M. H. Ryle, 'André Gorz: wage labour, free time and ecological reconstruction'(《安德烈·高兹:有偿劳动、自由时间与生态重建》),*Green Letters*: *Studies in Ecocriticism*, vol. 20, 2, June 2016, pp. 127 – 139; F. Bowring, *André Gorz and the Sartrean Legacy*(《安德烈·高兹与萨特的遗产》),Basingstoke:Macmillan, 2000.

② N. Srnicek and A. Williams, *Inventing the Future*: *Postcapitalism and a World Without Work*(《创造未来:没有工作的世界的后资本主义》),p. 113; 同样参见 pp. 110 – 113.

人护士或许比过劳的、烦躁的人类护士更能安慰人"[1]。遵循另类享乐主义道路的后工作社会很难接受这种逻辑。它不是试图废除照护的工作,而是给这类工作应有的尊严,确保照护者自己也得到照护和支持,而不是像今天这样常常被孤立和伤害。

消费主义的生活方式导致我们依赖于市场供应的商品和服务(无论是用于满足日常需求,还是用于娱乐)。另类享乐主义的观点质疑这种无处不在的商品化的可取性,而且提倡一种允许更多的自给自足和自主活动的生活方式。在思想层面上,它的目的是,用一种以没有经济目的、衡量标准、具体成果的具有内在价值的活动为中心的思想,取代以工作为中心的对繁荣和个体价值的理解[2]。从这个角度来看,更多的空闲时间有多重好处,这些好处很少要依赖机器人。反过来,一旦摆脱了工作世界的恶劣束缚,人们就会乐于(单独或与朋友和亲戚一起)为自己做事,而且发现园艺、烹饪、缝纫、修补,甚至打扫这些日常活动更有价值。大卫·弗拉伊内(David Frayne)对自愿拒绝工作的人的反应的研究说明,情况在很大程度上确实如此[3]。我们不妨引用他所采访的一位辞掉旧工作、靠很少的钱生活的人:

对我来说,这种感觉完全是无拘无束。我认为

---

[1] P. Frase, *Four Futures: Life After Capitalism*(《四种未来:资本主义之后的生活》), p. 47.

[2] 比较 A. Gorz, *The Immaterial: Knowledge, Value and Capital*, trans. Chris Turner(《非物质:知识、价值与资本》), London: Seagull, 2010, pp. 130 – 131.

[3] D. Frayne, *The Refusal of Work*(《对工作的拒绝》).

我拥有了更多,只不过拥有的是截然不同的东西。我跟伦敦的朋友聊天时,他们都精疲力尽,没日没夜地工作,没时间打电话聊天。我心里想,天呐,你懂的,这简直是自我厌恶和清教徒式的生活方式。[①]

弗拉伊内如此总结他在这些采访者身上的发现:

在反抗资本主义不断灌输的对自己财产的羞耻和不满的过程中,他们为自己有能力树立自己对快乐、美丽、充足、幸福的观念而感到自豪。他们正在反思福祉与商品消费的关系,并在培养过去不曾发现的自力更生能力的过程中,发现了一种新的掌控感和扎根于世界的感觉。虽然我们不能盲目地忽视许多人实际上无法逃到更慢的生活节奏中,因为他们在经济上无法维生,但是,我们同样不能仓促地认为高消费的生活方式是每个人都应该追求的固定标准。[②]

质疑对时间用途和生活目标的工具性理解,就是追随瓦尔特·本雅明(Walter Benjamin)与其他提倡游戏的示范性的人。游戏的专注和结果的不确定性,有一种特殊的快感。通过把更多时间"浪费"在"无意义"游戏活动上,而不是"投资"在工具性工作活动上,这种满足背离了我们时代的商品化逻

---

① D. Frayne, *The Refusal of Work*(《对工作的拒绝》),p. 161.
② D. Frayne, *The Refusal of Work*(《对工作的拒绝》),p. 188.

辑,走向了马克思"稚气的古代世界"的"更崇高的"立场①。
当人们把游戏否定为与现实世界的有用工作相对的稚气活动
时,这种对比属于一种成人的观念,它被投射到儿童游戏上,但
与游戏格格不入。儿童之所以陶醉在玩耍之中,是因为他们没
有意识到这"只不过是"游戏。在这个意义上,正如威廉·布莱
克(William Blake)、威廉·华兹华斯(William Wordsworth)、乔
治·佩雷克(Georges Perec)、石黑一雄(Kazuo Ishiguro)等作家
所认为的,儿童达到了成人往往忽视的智慧——这种忽视的
部分原因是工作主导了生活②。弗拉伊内的一个研究对象指
出,对个人的自我和时间的非工具性理解可能是什么样的:

> 最近我告诉别人我失业了,他们通常会生气,但
> 不总是对我生气。他们会说,"噢,你的遭遇真可
> 怕"。我通常认为,并不是,我很高兴。虽然从金钱
> 上说这是挺可怕的,但是我每天做着喜欢的事。如
> 果钱不用愁,也没人(就业中心)逼我找工作,我简直
> 太喜欢这样了。③

---

① K. Marx, *Grundrisse*(《政治经济学批判大纲》), p. 226.
② 参见 W. Blake, *Songs of Innocence*(《天真之歌》), 以及 *Songs of Experience*(《经验之歌》), 尤其是其中的《保姆的歌》;W. Wordsworth, ' Ode: Intimations of Immortality from Recollections of Early Childhood '(《颂歌:从童年回忆得到的关于不朽的启示》);乔治·佩雷克在《人生拼图版》中对玩耍时间的重视,以及对拼图、象棋、杂技、文学谜语的推崇。G. Perec, *Life a User's Manual*, trans. D. Bellos, London: Vintage, 2003; *W, or The Memory of Childhood*(《W 或童年回忆》), trans. D. Bellos, London: Harvill, 1988;石黑一雄对童年世界的准确、感人的再现。Kazuo Ishiguro, *The Unconsoled*(《无可慰藉》), London: Faber, 1995, *When We Were Orphans*(《我辈孤雏》), London: Faber, 2000, and *Never Let Me Go*(《莫失莫忘》), London: Faber, 2005.
③ *The Refusal of Work*(《对工作的拒绝》), p. 201. 在这篇博士论文的题词中,弗拉伊内还引用了另一位受访者:"我很兴奋自己做了很多人想做的事——摆脱那种激烈的竞赛,走向了某种目标。我感觉就像长大了,因为我在做我第一次有意地选择的事。"

　　另类享乐主义者强调自由时间是自给自足和随之而来的自我发展的资源，与此相反，技术乌托邦主义者强调网络信息社会通过协作生产和丰富物产所带来的事物。按照里夫金的解读：

　　　　在物联网（Internet of Things）这个 21 世纪智能基础设施中，通信互联网将与逐渐成熟的能源互联网和物流互联网融合，造就第三次工业革命。物联网已经大幅提高了生产率，使很多商品或服务的边际成本趋近于零，商品或服务也几乎免费。其结果是企业利润开始枯竭，所有权概念淡化，经济稀缺逐渐让步于经济过剩。①

　　斯尔尼塞克和威廉姆斯以类似的方式设想了自动化的作用：

　　　　我们的诉求是一种完全自动化的经济。利用最新的技术发展，这样的经济的目的是把人类从繁重的工作中解放出来，同时产生越来越多的财富。②

　　网络化社会使得大量廉价地生产商品和信息成为可能，

① J. Rifkin, *The Zero Marginal Cost Society: The Internet of Things, The Collaborative Commons, and the Eclipse of Capitalism*（《零边际成本社会：物联网、协作共享与资本主义的消亡》），p. 11.
② N. Srnicek and A. Williams, *Inventing the Future: Postcapitalism and a World Without Work*（《创造未来：没有工作的世界的后资本主义》），p. 109.

这是无可争议的。高兹在称赞这一特定发展时所称的"高科技工匠"(他们在新的基于互联网的自由软件和自由网络社区中协作)的出现,也是无可争议的:

> 按照专门的等级制任务的劳动分工实际上被废除了,生产者将生产资料据为己有和自我管理的障碍也被废除了。工人与其物化的工作之间的分离——物化的工作与其产品之间的分离——实际上被废除了,生产资料有可能被占有和集中起来。①

梅森同样认识到新技术的反资本主义潜力,即"侵蚀产权,破坏工资、工作、利润之间的旧关系",但他也注意到新技术将由此面临的反对意见②。他写道,在目前的体制下,"信息资本家"将通过在软件中引入错误以防止拷贝,通过"在法律上禁止拷贝某些类型的信息",从而试图遏制和阻碍这种潜力③。在梅森看来,如今,"现代资本主义的主要矛盾是,自由、丰富的社会生产商品的可能性与垄断企业、银行、政府维持对权力和信息的控制的努力之间的矛盾。也就是说,网络和等级制的斗争压倒一切"④。

---

① A. Gorz, *The Immaterial: Knowledge, Value and Capital*(《非物质:知识、价值与资本》),p. 14;比较 F. Gollain, trans. M. H. Ryle, 'André Gorz: wage labour, free time and ecological reconstruction'(《安德烈·高兹:付薪劳动、自由时间与生态重建》),p. 136 – 137.

② P. Mason, *PostCapitalism: A Guide to Our Future*(《后资本主义:一份未来指南》),p. 112. 他引用了"美国经济学家保罗·罗默"、"美国记者大卫·凯利"和"耶鲁大学法学教授约海·本科勒"。

③ P. Mason, *PostCapitalism: A Guide to Our Future*(《后资本主义:一份未来指南》),pp. 117 – 118.

④ P. Mason, PostCapitalism: A Guide to Our Future(《后资本主义:一份未来指南》),p. 139.

　　我们可以赞同"网络"比"等级制"更可取。但是,认为"丰富的商品"的可取性是不言而喻的,这种观点则更具争议。关于人工智能对人类主体性和文化的积极影响的相关主张,从另类享乐主义的角度看也是有问题的。梅森对每一种形式的数字创新都表现出无限的热情。他写道,作为一个活在新技术浪潮中的成年人,"已经足够令人振奋了。现在更令人振奋的是看着孩子得到他们的第一部智能手机,发现蓝牙、GPS、3G、WiFi、流媒体视频这一切,仿佛这些东西一直存在着"①。免费的、可共享的、可拷贝的数字信息,将创造"新的历史变革的主体",其形式是受过教育和普遍互联的人类:"一旦拥有基础教育和智能手机,任何咖啡师、行政人员、司法临时雇员,只要他愿意,都可以成为一个受到全面教育的人。"②

　　这种"受到全面教育的人"的构想,与梅森等作者强调的布唐所谓的"大脑的创造性活动与活跃网络中调动的计算机的共同运作"③有关。梅森和里夫金暗示,软件、计算机、网络在经济中的核心作用,堪比它们在教育、休闲和文化中的核心作用;适用于工作的规范将适用于生活的其他部分(当然,今天的情况越来越是如此)④。网络化"创造活动"的巨大生产潜力已经有目共睹。但是,大脑和计算机不断密切的联系,肯定需要更加微妙,更加两全其美的评估。不过,哪怕再复杂的

① P. Mason, *PostCapitalism: A Guide to Our Future*(《后资本主义:一份未来指南》), p.124.
② P. Mason,*PostCapitalism: A Guide to Our Future*(《后资本主义:一份未来指南》), p.115. 比较 p. xvii.
③ Y. Moulier Boutang, *Cognitive Capitalism*(《认知资本主义》), p.163. 布唐认为,这种生产性劳动是"当今价值的核心",他的整本著作详尽地阐述了这一观点,即"一般智力"现在是最重要的生产。
④ 参见里夫金在《零边际成本社会》第7章对在线学习的教育潜力的相当幼稚的主张。

信息,都不同于知识或智能。在线获取和分享信息,也不同于通过经验获得知识技能或实践知识,或亲自向专家从业者学习。在为每个英国学生提供电脑的同时,政府对音乐教育的资助却在减少①。我们一定不能混淆这些不同种类的知识和参与的用途、乐趣和回报。在离线状态下,我们以更慢速度在不容易分心的状态下获得的思想和文化知识,在庞大的新的数据浪潮上线之后面临着灭绝的威胁。一旦我们把访问速度和易理解性放在首位,那么,语言的微妙性、讽刺潜力和丰富的内涵(它们需要持续和仔细的关注才能领会)就岌岌可危了。这种情况对文学和哲学写作的影响是显而易见的;它对于作为谨慎辩论(包括政治辩论)手段的语言的损害虽然不那么明显,但密切相关。

我们近来看到,虽然数据可以是免费的,但是它不一定是准确的或非常自由的,它现在轻易的可复制性不能保证它不被反乌托邦(dystopia)和政治操纵利用。即使在社交媒体更诚实和民主地运作的地方,声音的多样性和多重性也会损害政治团结的形成,使其更难在政策或战略上达成一致。在这种情况下或许更重要的,并且倡导数字乌托邦的人几乎没注意到的因素是,花太多时间盯着屏幕看的危害:个人电脑和智能手机所鼓励的消费主义、被动性、自我中心以及对感官和物质世界的无视。虽然数字技术无疑是吸引人的,但它不一定有利于我们。声称"5—16 岁的儿童平均每天在屏幕上花 6.5 小

---

① 参见英国广播公司 2014 年 6 月 3 日的报道,' Crazy funding puts music education at risk'(《疯狂的资助使音乐教育面临风险》),3 June 2014. www. bbc. co. uk;accessed 23 November 2018.

时,而 1995 年约为 3 小时"的一份近期报告(2015 年)——屏幕包括电视、个人电脑、手机和游戏机——肯定是令人担忧而非高兴的证据①。另类享乐主义者会说,真正丰富儿童生活并为将来有意义的社会和个人生活提供资源的,是儿童的想象力和概念世界的发展,这最好通过阅读和交谈(尤其是与不沉浸在屏幕中的成年人的交谈),以及大量户外活动来提供。最不利于成长的,就是成为室内的屏幕观看者,独来独往,无人问津,被不断增长的广告流轰炸,只对电子游戏感到兴奋。

不过,斯尔尼塞克和威廉姆斯很可能认为,这些批评和反对陷入了他们所谓的"狭隘的"陈旧人类主义之中。他们所看重的是超越过时的本质主义的"人类"概念,从而实现当前赛博格强化、人造生命、合成生物学、辅助生殖技术所承诺的"合成自由"②。与这种观点相一致的,是他们对照护工作和儿童抚养的"道德地位"、人类的情感和偏好(这可能是抵制机器人照护者的原因)的严肃关注的缺乏。同样的,在支持家庭广泛利用自动化时("打扫房屋和叠衣服之类的家务……可以委托给机器")③,他们没有认识到(或者他们认为这是狭隘的人类主

---

① 参见英国广播公司 2015 年 3 月 27 日的报告,Jane Wakefield,'Children spend six hours or more per day on screens'(《儿童每天在屏幕上花 6 小时以上》). www. bbc. co. uk; accessed 19 November 2018.

② N. Srnicek and A. Williams, *Inventing the Future: Postcapitalism and a World Without Work*(《创造未来:没有工作的世界的后资本主义》), p. 82f. 在提出这一观点时,他们拥抱了某种形式的后人类主义——或更准确地说,某种超人类主义——他们的批评者之一乔恩·克鲁达斯谴责这是一种"新优生学",是"左派历史上的不安声音"的重现。参见 Jon Cruddas,'The humanist left must challenge the rise of cyborg socialism'(《人类主义左派必须挑战赛博格社会主义的兴起》),*New Statesman*, 23 April 2018。后人类主义抛弃了人类主义的理论,主张打破人类与其他动物、有机物和无机物之间的明确概念歧视。不过,他们不一定支持通过超人类主义者赞同的用数字和生物技术以及基因工程来改造人类,也不一定支持克服死亡的科学项目。

③ N. Srnicek and A. Williams, *Inventing the Future: Postcapitalism and a World Without Work*(《创造未来:没有工作的世界的后资本主义》),p. 113.

义观点)所谓的"环境脱节",以及家务外包给别人(无论是机器人还是人类)导致的真正的家庭感的丧失。因此(用高兹的话说)

> 住宅的空间组织,熟悉物品的性质、形式和摆放,不得不遵循服务人员或机器人的日常关注,就像在酒店、军营和寄宿学校那样。你的直接环境不再属于你,就像配有司机的汽车更多属于司机而不是车主。①

在这种情况下,人们没有意识到有偿工作在多大程度上可以被视为一种对时间的盗窃,人们本来可以用这些时间摆脱便利行业的供给,为自己做一些更感兴趣和令人愉悦的事情。大卫·弗拉伊内对此评论道,以下现象是很奇怪的:

> 鉴于雇佣的现实是一种严重依赖的情况,有偿工作居然代表了一种成熟和独立的象征。我说的不仅是工资关系所固有的依赖,而且是对商业产品和服务的依赖,在工作耗尽我们的时间和精力之后,这些商品和服务成为满足需求的唯一方式。"对工作的拒绝"这一项目中的人们有助于我们考虑这一问题:如果我们可能减少工作,有更多自由时间,那么,传统上通过私人和昂贵的消费形式来满足的需求,在多大程度上可以自给自足?②

---

① A. Gorz, *Critique of Economic Reason*(《经济理性批判》), p. 158.

② D. Frayne, 'Stepping outside the circle: The ecological promise of shorter working hours' (《走出循环:缩短工作时间的生态承诺》), p. 209.

弗拉伊内的研究的参与者所欢迎的另类享乐,几乎没有出现在上文回顾的技术驱动的后资本主义的论述中,这些论述都符合现有的关于消费者想要什么以及为何想要的规范。这些论述认为"富足"就是更平等和更经济地提供更多的现有生活方式,并且与技术共同确保环境友好、对用户更便宜的行为方式,而不是把"富足"重新想象为有可能在住房、交通和农业等领域实现更绿色、更欢聚(convivial)、更周到的供给。因此,虽然人们欢迎自动驾驶汽车,但是,人们忽视了骑车者和步行者的需求(与更环保的做法),而且汽车文化(在美国一些城市占据了高达 60% 的市政土地面积)①依然存在。在引发对时空旅行与"科幻小说的所有传统试金石"的迷恋(因为它们"可以产生一种超越利润动机的乌托邦想象")时,斯尔尼塞克和威廉姆斯似乎惊人地无视了这些太空幻想如今看起来多么传统和平庸(而且是有害环境的、幼稚的)。虽然他们提到脱碳是"左派应该动员"的另一个技术"梦想",但是,他们对环境议题的处理是不切实际的(虽然作者在 2016 年第 2 版的后记中承认了这一点,但这不能成为他们无视房间里的大象的借口)②。他们的主要生态主张是,把能源效率的提高用于减少工作而非增加产出,也就意味着这些改进将有助于减少环

---

① C. Gardner, 'We Are the 25%: Looking at Street Area Percentages and Surface Parking'(《我们是 25% 的人。街道面积百分比与地面停车场》), *Old Urbanist*, 12 December 2011.

② N. Srnicek and A. Williams, *Inventing the Future: Postcapitalism and a World Without Work*(《创造未来:没有工作的世界的后资本主义》), p. 183. 在对《创造未来》的书评中,伊恩·劳里写道,"虽然斯尔尼塞克和威廉姆斯一直强调他们的后工作未来是生态友好的未来,但是,对于微电子学与残酷的榨取体系的结合,对于他们对人类与非人类世界关系的陈旧的、教条式的马克思主义理解,他们没有进行自我反省。同样,他们也没有考察人类世中的未来将是什么样的。至少,他们对专业知识的民主化和传播极为乐观,而这是由机器智能所规划的经济的大规模控制所必需的"。Ian Lowrie, 'On Algorithmic Communism', *Los Angeles Review of Books*, 8 January 2016.

境影响。但是,如果不从文化和政治上改变对福祉的思考,自动化和生产效率的提高不太可能给我们带来绿色和可持续的经济。

因此,技术乌托邦主义者的倾向是既欢迎资本主义经济的崩溃,同时又接受其生活方式的遗产,仿佛它在很大程度上是不可挑战的遗产。另类享乐主义认为工作的减少既是满足生态极限的必要条件,也是摆脱工作驱动的消费文化的机会,而技术乌托邦主义者专注于克服环境障碍的技术手段,以便我们可以维持"西方的"富裕。在这个意义上,他们似乎认可关于"美好生活"的许多主流叙事。

此外,他们关于基于互联网的富足经济的生态良性资源的论述,并不令人信服。《卫报》最近的一篇报道,汇总了关于人工智能领域目前和未来可能的能耗的几项国际研究的结论①。随着外围国家越来越多的人开始上网,随着"物联网"、无人驾驶汽车、机器人和视频监控机器在核心国家呈指数级增长,能耗预计五年后是现在的三倍。按照目前趋势,2020 年可能有 204 亿台互联网设备投入使用。计划在爱尔兰戈尔韦郡的阿森赖建立的苹果数据中心,预计最终将使用 300 兆瓦电力:这是爱尔兰全国装机量的 8%,超过了整个都柏林的日用电量。没有风的时候,数据中心会使用备用的"144 台大型柴油发电机"。同样是 2020 年,预计信息和通信技术业将创造高达 3.5% 的全球排放量——超过航空业和运输业——2040 年将达到 14%(大约等于美国目前的比例)。信息乌托邦

---

① ' "Tsunami of Data" could consume one fifth of global electricity by 2025'(《数据海啸到 2025 年可能消耗全球五分之一的电力》), *Guardian*, 11 December 2017.

(informatics utopia)的辩护者把他们关于未来的主张建立在节能技术的巨大改进与可再生能源的整体置换的基础上,而且在最好的情况下,一些研究人员认为这种改进可能会发生。但是从目前的趋势看,这种辩护是一厢情愿的。我们还要补充一点,这种辩护似乎毫不关心出口到穷国的堆积如山的电子垃圾的影响。因为曾经回收约 70%电子垃圾的中国现在拒绝接收更多垃圾,所以,光是欧盟就有约 5000 万吨的电子垃圾涌入东南亚,被在危险的、往往半合法的"打捞资本主义"条件下勉强度日的那些人拆卸和回收。在美国,自从中国的禁令生效后,越来越多的可回收垃圾被焚烧,代价往往是住在焚化炉附近的贫困社区的健康①。我们只能猜想,技术乌托邦主义者可能提出什么方法阻止这种有毒废物的大规模增长。当然,有人会说,相信我们的消费态度的文化革命会带来更环保的未来,这同样是一厢情愿的。但是,这种革命至少在人类的能力范围内,不依赖于可能有效的——更可能无效的——技术修复。

后工作:资助、组织、公民身份

即使雇主和雇员依然认为减少工作时间的想法是构成威胁的,但是在这个方向上人们已经取得了重大进展②。法国在 2000 年率先出台了每周 35 小时工作制。事实证明它尤其受

① O. Milman, "'Moment of reckoning': US cities burn recyclables after China bans imports"(《清算时刻:美国城市在中国禁止进口后焚烧可回收垃圾》),*Guardian*, 21 February 2019.

② A. Beckett, 'Post-Work: the radical idea of a world without jobs'(《后工作:一个没有工作的世界的激进理念》),*Guardian*, 19 January 2018.

女性欢迎,尽管在萨科齐总统任期内被废除,但它仍然广泛存在。在德国,最大的工会五金公会①正在为轮班工人和照护工作者争取每周 28 小时工作制。在英国,新经济基金会②长期以来一直提倡向 21 小时工作制的转型,并说明 21 小时工作制在降低碳足迹、减少失业、改善福祉、优化儿童保育、夫妻共同抚养、两性更加平等方面的好处③。这些观点得到了绿党(它提倡周末休三天,并且用自由时间指数④取代 GDP)和工党的支持。在工党 2019 年大会上,约翰·麦克唐纳(John McDonnell)根据通信工人工会的一项动议,承诺工党将在不减薪的情况下缩短工作周⑤。缩短工作周的模式现在也受到一些雇主的欢迎,虽然他们的理由主要是较短的工作周将减少失业,同时提高而非限制生产力⑥。

　　支持缩短工时的商业理由和那些基于生态学理论的呼

---

① 五金公会(Industriegewerkschaft Metall),1949 年 9 月 1 日成立的工会组织,目前是德国最大的工会组织,约有 220 万成员。——译者注

② 新经济基金会(New Economics Foundation),詹姆斯·罗伯逊(James Robertson)1986 年提议建立的智库。它在 2006 年提出了幸福星球指数,以取代 GDP 作为衡量人类福祉的标准。——译者注

③ 参见新经济基金会的报告,'21 Hours. The Case for a Shorter Working Week'(《21 小时:缩短工作周的理由》),13 February 2010;A. Coote,'10 Reasons for a Shorter Working Week'(《缩短工作周的十个理由》),29 July 2014 both at www. new economics. org;accessed 6 October 2016. 比较 H. Hester,'Demand the Future – Beyond Capitalism,Beyond Work'(《对未来的诉求——超越资本主义,超越工作》),at Demand the Impossible,April,2017,www. demandtheimpossible. org. uk;accessed 13 November 2018;M. H. Ryle and K. Soper,eds,Introduction to special issue on 'The Ecology of Labour'(《"劳动生态学"特刊导言》),Green Letters,vol. 20,No. 2,June 2016,pp. 119 – 126.

④ 自由时间指数(Free Time Index),绿党 2018 年 10 月提出的标准,用来取代 GDP。——译者注

⑤ 'McDonnell commits Labour to shorter working week and expanded free public services as part of Labour's vision for a new society'(《麦克唐纳承诺工党把缩短工作周、扩大免费公共服务作为工党新社会愿景的一部分》),23 September 2019,labour. org. uk and L. Elliott,'John McDonnell pledges shorter working week and no loss of pay'(《约翰·麦克唐纳承诺工党将在不减薪的情况下缩短工作周》),Guardian,23 September 2019.

⑥ C. Hughes,'Four day week could transform our lives'(《每周四天工作制可以改变我们的生活》),Independent,14 March 2018.

求,或许还有更闲暇的生存状态带来的个人利益之间的冲突反映在对人们对全民基本收入(Universal basic income,UBI)的不同构想上。全民基本收入在后工作社会中将补充并可能最终取代工人的工资或薪水。虽然现在有许多全民基本收入的试点计划[1],而且各政治派别对它们越来越感兴趣,但是左派担忧右翼政府可能利用它来加速国家退出福利资助,并导致更多的服务私有化[2]。他们还担忧,如果全民基本收入被视为有偿工作之外的时间对生产力的贡献的回报,那么它将合法化而不是挑战这种观感:生命最值得被花在创造经济价值上。正如高兹所说,它不是"让生活摆脱商业想象和充分就业模式"的一种手段[3],而是确认了商业想象和充分就业模式的地位。他认为,为了防止这种情况,

> 对于无条件充足收入的诉求必须从一开始就表明,依赖性的工作不再是创造财富的唯一方式,也不再是社会价值得到承认的唯一活动类型。保证充足的收入必须标志着,创造无法衡量也无法交换的内在财富的另一种经济的重要性不断提高——而且有

---

[1] 关于目前全民基本收入的活动和试点项目的最新进展,参见 basicincome. org. 同样参见 autonomyinstitute. org. 一些有趣的思考,参见 Y. Moulier Boutang, *Cognitive Capitalism* (《认知资本主义》), pp. 152 – 166. R. Skidelsky and E. Skidelsky, How Much is Enough? (《多少才算足够?》), London:Allen Lane, 2012, pp. 197 – 202. 对全民基本收入计划的早期辩护,参见 A. Gorz, Reclaiming Work:Beyond the Wage-Based Society (《改造工作:超越以工资为基础的社会》), p. 100f. ; D. Purdy, ' Citizens' Income: Sowing the Seeds of Change ' (《公民收入:播下变革的种子》), *Soundings* 35, 2007: 54 – 65.

[2] 参见杰米·伍德科克和大卫·弗拉伊内关于全民基本收入的访谈,www. autonomyinstitute. org.

[3] A. Gorz, *The Immaterial:Knowledge, Value and Capital*(《非物质:知识、价值与资本》), pp. 26 – 27.

可能占据主导……失业者和无保障就业者的运动和
工会所宣扬的"我们都是潜在的失业者或临时工"的
集体意识,不仅意味着我们都需要得到保护,以防止
工资关系的临时化和中断;它也意味着我们有权获
得一种不完全是工资关系、不等同于工资关系的社
会生存。①

其他人也同意,除非全民基本收入是完全无条件的,否则
它实际上只是一种福利形式,不会引发工资制度的依赖性以
及有关的商业精神的削弱进程;即使它只以某种形式的公民
贡献为条件,这种强制的因素依然有可能破坏公共服务的正
确意识和公民权的行使②。类似的考虑,也适用于全民基本收
入的设定水平(如果我们希望它不仅是有偿工作的补充)。虽
然全民基本收入被广泛提倡为走向解放的后工作社会的一
步,但是它也可能成为资本主义秩序应对有偿工作对资本主
义本身的挑战的手段。穆利耶·布唐探讨了这种潜在的冲
突,他认为,虽然我们可以指责有保障的社会收入(他喜欢的
全民基本收入的另一种说法)可能仅仅是改良主义的,但我们
可以用有助于向后资本主义社会转型的方式来实施它③。

---

① A. Gorz, *The Immaterial: Knowledge, Value and Capital*(《非物质:知识、价值与资本》),
pp. 130–131. 比较 P. Mason, *PostCapitalism: A Guide to Our Future*(《后资本主义:一份
未来指南》), pp. 284–286.

② Y. Moulier Boutang, *Cognitive Capitalism*(《认知资本主义》), p. 157.

③ Y. Moulier Boutang, *Cognitive Capitalism*(《认知资本主义》), pp. 156–166. 不过,也参
见安娜·库特最近的质疑,Anna Coote, 'Universal basic income doesn't work. Let's boost
the public realm instead'(《普遍基本收入是无用的,让我们强化公共领域吧》),
Guardian, 6 May 2019. 根据最近对全民基本收入的研究,她和其他人现在迫切寻求一
种"普遍基本服务"的替代方案。更完整的报告可从伦敦大学学院全球繁荣研究所
获得。

任何提供无条件的全民基本收入的社会，目标大概都是这种最终转型——因此它也将面临着关于有偿他律工作的范围、分配、融资的原则，以及志愿部门对社会再生产的贡献这两个紧迫问题。虽然这样的社会在日常消费的许多方面摆脱了对市场供给的依赖，可能会维持更多的协作和集体生活安排，享受更多由公民提供的自愿服务，但是，它在基础设施、公用事业、交通、卫生和社会照护的某些方面以及其他方面，依然要依赖于他律劳动。为了确保在经济中吸引力较小的领域内的持续就业，我们可能依然需要这样或那样的激励措施。

以上的内容，不过简单勾勒了一个转型中的后工作的、由全民基本收入支撑的社会所面临的难题。在后工作社会中，这些难题将由公共知识分子和公务员来解决，他们还必须思考，如何从货币由银行和私人投资者所有这种虚构观念，变成人人都承认（全民基本收入推动了这种承认）货币是社会和公民的财产？这些挑战在思想上和政治上都难以解决。但是，直面这些挑战本身就是一种政治解放的形式了。正如我在本章开头说的，比起坚持工作伦理优先，试图通过增长和技术修复来应对财富、机会、工作、工作满足方面的不平等的社会，这种后工作的社会更有优势解决这些挑战。

未来的慢工作与后工作的混合物？

上文已经指出，协作的互联网生产在一个不以工作为中心的社会将发挥重要作用，绿色技术也将发挥重要作用，尤其是在提供更多受地方和民主控制的可再生能源方面。用于医疗、建筑、交通、服装和农业等关键领域的技术的绿色化，也将是一个优先事项。不过，承认智能系统的未来作用，不是假设它们取代一切形式的人类劳动是可能的或可行的。相反，摆脱价值法则支配的后资本主义秩序，可能有史以来第一次实现了这一点：避免"时代优先"地痴迷于在当前现代性的范围内停留和思考。它还实现了过去不可能的对社会关系和政治经济的混杂构想：最先进的能源和医疗技术，性别分工的终结，再加上最低限度的他律劳动和较低的物质产量和消耗。

不那么紧张的工作文化，也可以提供更有成就感的工作形式，发展新的技能并恢复早期的生产和供给方式。这些方式避免了早期社区劳动过程中的社会剥削和性剥削，同时又保留了其更亲切的层面。特别浮现在我脑中的是手工艺生活方式，因为它们强调技能、对细节的关注、个人的参与和控制，所以它们违背了关于脑力—体力分工的主流观点及其遵守"工作加消费"经济的要求。在一个节奏更慢的社会中，人们有更多时间维持生计，手工艺生产可以扩大，更多的人可以从技能、精神专注及其提供的满足中受益。

我指出这一点是为了重启左派关于工作和手工艺活动的关系、二者与其他人类活动的关系的旧的争论：这些争论本身反映了关于艺术、工作和人类成就的各种观念的复杂的历史。在左派当中，大部分讨论都基于这一假设：在我们当前这种大规模生产的完全商品化社会中，手工艺的贡献实际上已经在主流经济活动中销声匿迹了，我们不可能普遍地回归这种劳动过程。因此，认为手工艺预示了未来的去异化劳动的社会，这不是一种现实的诉求。在左派看来,在当前的消费社会中,只有通过艺术的相对自主性(如果有的话),我们才能维持人类活动的典范形式,以及未来解放的可能基础。从这个角度来看,只有艺术可以在审美层面起到救赎的作用。于是乎,手工艺现在成为劳动和生产的一种几乎被替代的形式,或者成为"美术"或经典视觉艺术的附属品,赋予从业者创作或表演这些作品所必需的技能和知识。即使在作为附属品时,手工艺也不过是一种来日无多的事物,因为自从杜尚(Duchamp)、现成品艺术、概念艺术、后概念艺术出现之后,视觉艺术在很大程度上摆脱了对绘画和雕塑等传统手工技能的依赖,它们本身成为"去技能化的"①。

在《形式的无形性》一书(*The Intangibilities of Form*)中,约翰·罗伯茨(John Roberts)驳斥了任何向手工艺的"回归",以及威廉·莫里斯(William Morris)式的对手工艺消逝的哀叹。但是,他依然认为,"社会关系……必须通过非他律的形式和实践来改变"。他认为这些实践"让生产关系和'日常'具有了丰富的体力和脑力内容"②。在讨论本雅明和阿多诺对技术支配的批判时,他还指出,两人的那种"反技术论"要想具有真正的变革性,就"必须基于新的关切和互动形式,这种形式公开

① 不过,有些人指出,因为视觉艺术提出了并且依赖于新的(思想的或概念的)技能,而且在保留作者身份和自主性方面依然是一种独特的艺术品。J. Roberts, *The Intangibilities of Form: Skill and Deskilling in Art After the Readymade*(《形式的无形性:现成品艺术之后的技能与去技能化》), London: Verso, 2004. 同样参见 S. Edwards' review (*Radical Philosophy*, 56, pp. 56 – 58), and J. Roberts, 'On Autonomy and the Avant-garde'(《论自主性与前卫艺术》), *Radical Philosophy*, 103, Sept – Oct 2003, p. 18.
② J. Roberts, *The Intangibilities of Form: Skill and Deskilling in Art After the Readymade*(《形式的无形性:现成品艺术之后的技能与去技能化》), p. 84.

地、坚决地打破工具性的关切和互动形式"①。我同意罗伯茨
的说法,并且认为打破工具性对另类享乐主义而言是至关重
要的。这种有些抽象的说法,阐述了劳动过程的后资本主义
变革。但是,为了让这种变革变得切实可行,我们很难不求助
于(或倒退回)更传统的手工艺模式或方法(以及为这些模式
辩护的论据),而这些模式是罗伯茨未曾明确表示支持的。

　　虽然在确立艺术的审美自主性这一点上,手工艺已经让
位于艺术,但是今天它已经重新占有了一席之地。而且手工
艺作品开始在大规模生产的艺术品面前绽放自己的光芒。因
为工艺品大部分由业余爱好者创造,不是为了出售,而只是出
于创造或馈赠的乐趣,所以它被认为具有内在的"手作"价值,
这种价值是主要为盈利而生产的商品所不具备的。手工艺作
品因其耐用和美观尤其受到追捧,在这个大量商品偷工减料、
平平无奇、用完就丢的时代,它可以大放光彩。

　　同样重要的是所谓的"手工艺本体论":手工艺在世界中
标记它的制造者的方式,以及它所需要的工作的性质,揭露了
现代工业和商业的异化后果。上文所讨论的对工作的不满,
让这种异化具有了新的批判性的意义和吸引力。当然了,从
前现代关系和制度到资本主义市场的"异化"过程,既有好的
一方面,又有坏的一面,二者共同导致了各种对商业社会的不
满的新形式。在辩证地论述农民和手工业者转入工厂生产的
影响时,马克思就预见到了这一点。正如他所说,一方面,他
们是"丧失客体条件的"、"纯粹主体的",失去了一切"与他们

---

① J. Roberts, *The Intangibilities of Form*: *Skill and Deskilling in Art After the Readymade*(《形
　式的无形性:现成品艺术之后的技能与去技能化》),p. 206.

有关的"无机的外延①。但是,这种自我丧失,同时是人格的非特殊的、全面的扩展的前提。只有当个人摆脱了一切所谓源于自然的任务和身份时,这种扩展才有可能。马克思告诉我们,即使资本主义的生产力把它的代理人抛入"丧失客体条件"的虚空之中,它依然"驱使劳动超过自己自然需要的界限"②,让一切以前的社会阶段表现为"人类的地方性发展和对自然的崇拜",并且结束了"流传下来的、在一定界限内闭关自守地满足于现有需要和重复旧生活方式的状况"。因此,摆脱过去的、更具手工色彩的身份,同样是个体解放的基本前提,只有这样,个体才能在后资本主义社会中获得"无限的"充实感。就像马克思在另一个引人注目的段落中说的:

> 在资产阶级经济以及与之相适应的生产时代中,人的内在本质的这种充分发挥,表现为完全的空虚化;这种普遍的对象化过程,表现为全面的异化,而一切既定的片面目的的废弃,则表现为为了某种纯粹外在的目的而牺牲自己的目的本身。因此,一方面,稚气的古代世界显得较为崇高。另一方面,古代世界在人们力图寻求闭锁的形态、形式以及寻求既定的限制的一切方面,确实较为崇高。古代世界是从狭隘的观点来看的满足,而现代则不给予满足;

---

① K. Marx, *Grundrisse*, trans. M. Nicolaus, Harmondsworth: Penguin, 1973, pp. 452 - 456;同样参见 pp. 471 - 515,马克思在"资本主义生产以前的各种形式"一部分中,讨论了这种对"个性"的解读。[中译文引自《马克思恩格斯全集》第 30 卷,人民出版社, 1995 年,第 492 页。——译者注]

② Marx, *Grundrisse*, pp. 409 - 410[中译文引自《马克思恩格斯全集》第 30 卷,第 286 页, 第 390 页。——译者注]

换句话说,凡是现代表现为自我满足的地方,它就是鄙俗的。①

因此,在这里,异化意味着摆脱过去的传统,摆脱狭隘的生存方式的既定角色、活动和"闭关自守的"需求。通过揭露过去的自满的局限,异化产生了摆脱过去的劳动分工形式和陈旧的关系模式的欲望(这种摆脱反过来又会滋生新的不满)。

从这个角度看,对过去基于手工艺的生产模式的感伤式的怀旧,与不加批判地接受工业化和工作场所的技术"进步"所导致的劳动过程的不断加速、任务的分散化、去技能化一样,都是有问题的。因此,在对手工艺进行另类享乐主义构想时,我们必须警惕阿多诺所批判的"社会上已经衰落了的手工艺者的灵韵的回光返照"②。我们更加不能推崇海德格尔在阐述他的技术批判时所提出的"民族乡愁"(Volknostalgia)。如果说当代的过度发展促使我们考虑过去的实践方式和制造方式的进步潜力,那么我们在这个过程中同样不能忘记早期的劳动过程的社会剥削和性剥削③。但是,我们也应该记住马克思的辩证论述中提到的"较为崇高的"快感。我们不应该过快地认为,摆脱了一切"闭锁的形态"和限制,就会自动地导向一种享乐主义的进步。

---

① Marx, *Grundrisse*, pp. 488[中译文引自《马克思恩格斯全集》第 30 卷,第 286 页,第 480 页。——译者注]
② T. Adorno, 'Functionalism Today', *Oppositions*, 17, 1979, pp. 30 – 41.
③ 关于这一点的更多论述,参见本书第 6 章。

也就是说,我认为,我们可以把手工艺式的劳作方式重新作为前卫的、后消费主义的政治想象的一个组成部分,而不是因为它们与前现代社会的关系以及对快乐的限制而否定它们。换句话说,我们既要斩断进步和经济扩张的关系,又不能陷入文化退步和社会保守主义。我们既不能忽视市场化社会和大规模生产的发展带来的民主、社会和性解放方面的进步,也不能否认过去更狭隘的生存方式给个人的自我实现强加的那些限制。不过,因为持续追求经济增长有可能带来环境灾难,所以我们也应该及时地强调,扩大商品生产的冲动给个体的快感和充实感强加了限制(无论是在工作场所之内,还是在工作场所之外)。这种手工艺精神,与最近兴起的反消费主义潮流和网络有明显的关联。后者包括了美国和欧洲最近对"慢生活"的推崇,以及选择"减速"和更可持续的生活方式的人组成的运动网络。①

我们的意思不是,这些群体所传达的另类价值观在反抗主流的工作精神的过程中已经取得了很大进展。我们的意思是,在思考未来理想的时间支出和劳动组织形式时,马克思主义批评家应该重新考虑一下,要不要否定一切受到莫里斯启发的观念。而且,他们应该承认,艺术在摆脱了资本主义价值形式的社会中对劳动过程形式的启示,以及手工艺的劳作方

① T. Kasser, The High Price of Materialism(《物质主义的高昂代价》), Cambridge, MA: MIT Press, 2007; J. Schor, *The Overspent American: Why We Want What We Don't Need* (《买买买的美国人:为什么我们想要那些用不上的东西》), New York: Harper Perennial, 1999; C. Honoré, *In Praise of Slowness: Challenging the Cult of Speed*(《慢之颂:挑战速度崇拜》), New York: Harper One, 2005; N. Osbaldiston ed., *Culture of the Slow: Social Deceleration in an Accelerated World*(《慢文化:加速世界中的社会减速》);比较 The Voluntary Simplicity Movement, www.simpleliving.net and Center for the New American Dream at www.newdream.org.

式对乌托邦美学目标的可能实现的启示,二者之间有某种不曾言明的(甚至可以说是被掩盖的)关系。鉴于我们需要一种让进步摆脱经济扩张、让快感摆脱资源密集型消费的繁荣政治,一种试图净化与手工艺活动相关的复古和绿色的乌托邦愿景,似乎是用过时的预设来说明后资本主义的工业、劳动过程和工人解放将会是什么样的。与此类似,技术乌托邦主义者可以少考虑无人机和机器人,多考虑"慢工作"的潜在快感,这种快感原则上是可以在后资本主义经济中实现的。不是所有形式的工作,都必须被视为我们情愿让其自动化的苦差事①。

　　手工艺方法和"慢工作"不仅适用于公有制企业和合作社,实际上也适用于任何不以"用最短的时间制造最多的东西"为目标的劳动组织。作为手工艺运动的政治派别,"手工行动主义"(craftivism)现在正积极地把手工艺与对大众消费主义的通行规范的摆脱联系起来②。它一定会作为前卫的、后消费主义的政治想象的组成部分而受到欢迎,而不会因为它与前现代社会关系的联系而遭到忽视。在用合作性的"丰裕"(plenitude)观念来反对"墨守成规"的做法时,朱丽叶·朔尔指出,手工艺者将从事新的混合生产实践,把先进的绿色技术

---

① 对于未来工作的类似思考,参见 Alyssa Battistoni, 'Living, Not Just Surviving'(《生活,而不只是活着》), *Jacobin*, 15 August 2017.

② 参见 www.craftivism.com. 比较 B. Greer ed., *Craftivism: The Art of Craft and Activism*(《手工行动主义:手工艺与行动主义》), Vancouver: Arsenal Pulp Press, 2014; R. Parker, *The Subversive Stitch: Embroidery and the Making of the Feminine*(《颠覆的针脚:针织与女性的形塑》), London: I. B. Taurus, 2010. 在"手工行动主义"的活动中,针织有着突出的地位,这些团体的名字展示了它们自嘲式的反文化主义品牌:"革命针织小组""激进十字绣网络""全球正义编织者""伪造钩针项目""无政府主义针织暴徒"。

与更具个人价值的劳动形式结合起来：

> 我们绕了一圈又回来了，丰裕是对前现代和后
> 现代的综合。从前者那里，它借鉴了一种既为自己
> 生产，又为市场生产的熟练手工艺者的愿景……后
> 现代则带来了先进的技术，以及智能的、生态友好的
> 设计。这是一种完美的综合。技术免除了前工作时
> 代艰巨和繁重的劳动。手工艺劳作则避免了现代工
> 厂和办公室的异化。①

---

① J. Schor, Plenitude: The New Economics of True Wealth（《丰裕：真实财富的新经济
学》），p. 127.

第五章

文化政治与另类享乐主义想象：
交通、休闲、物产

在前面的章节中我已经指出，即使当代社会的富裕生活可以扩展到所有人并且无限地持续下去，它所提供的美好生活的模式也是很难令人信服的。我之所以这样说，一方面是因为不安、不健康、抑郁症和其他弊病充斥在西方生活方式之中；另一方面是因为我们的感官和精神快感不是已经被削弱或剥夺，就是将来可能被削弱或剥夺。当然，我也提出了一种另类享乐主义，它在人性化方面更具吸引性，而且可能更可行，可以避免我们走向全球变暖和其他环境灾难的临界点。在这一点上，我既反对求助于技术的乐观主义者，也反对"及时行乐"的宿命论者，他们认为拯救地球为时已晚，所以能享受一天是一天。虽然这两种立场是对立的，但它们都假定我们必须维持消费主义的生活方式，放弃消费主义将是悲惨的。宿命论者说："尽情地生活。"乐观主义者说："技术可以把环境破坏降至最低限度。"这两类人都没有想到,摆脱以增长为动力的"商场"文化的束缚而非维持现状,可能会更有趣。两种立场都暗示,更简朴的消费方式是一种倒退。

无论如何,直到最近,这都是英国主流政治家经常表达的观点。不过,如今,因为人们对气候变化和生态危机的认识有了很大的提高,所以很少有政治家或政府官员会像 2005 年苏格兰保守党企业发言人那样说我们是"绿党的环保主义者的一派胡言"。他们也不会批评环保主义者是石器时代穴居的倡导者。[①] 但是,对绿色议程的类似蔑视在下列事例中依然清晰可见:2019 年森林火灾期间,澳大利亚副总理回应了对政府气候变化政策的批评("我们不需要大城市里的某些纯粹的、开明的、醒悟的绿党的疯言疯语"[②]);2019 年封锁伦敦运动期间,鲍里斯·约翰逊(Boris Johnson)说"反抗灭绝"运动是"无法无天的顽固分子",住在"臭气熏天的帐篷"里;2019 年 3 月下议院举行自 2017 年以来首次关于气候变化的辩论时,座位空空如也。这些反应所体现的是雷蒙·威廉斯(Raymond Williams)所谓的"时间上的狭隘主义"。持这种态度的人傲慢地把实际上和历史上建立的社会秩序视为永远必要的和排他性的[③]。这是一种批评的形式,它自以为垄断了进步的概念,自以为是人类的快感和自我放纵的唯一仲裁者。我们之所以

---

① 例如,2007 年萨里大学开展"重新定义繁荣"项目时,英国财政部官员指责了蒂姆·贾克森教授。参见 T. Jackson, 'The dilemma of growth: prosperity v economic expansion(《增长的困境:繁荣与经济扩张》)' *Guardian*, 22 September 2014.

② E. Worrall, 'Climate Fury: "They don't need the ravings of some pure, enlightened and woke capital city greenies"'(《气候之怒:"他们不需要大城市里的某些纯粹的、开明的、醒悟的绿党的疯言疯语"》), *Watts Up With That?*, 12 November 2019, wattsupwiththat.com.

③ R. Williams, *Towards 2000*(《走向 2000 年》), London: Chatto & Windus, 1983, p.13.

要反对它,不仅是因为它拒绝探索节奏更慢、物质负担更轻的生活方式可能带来的回报,还因为它没有认识到主流的进步模式的毫无快感的、破坏性的方面。从普遍使用自行车到使用汽车的进步,让中国人现在不得不忍受雾霾,这是一个深刻的、经常被引用的例子。我们可别忘了,1950 年代初英国有1200 万人经常骑自行车①,而我们现在骑自行车的比率是全球倒数的②。伦敦的一些学校最近开始建议它们的学生戴口罩预防有毒气体。在我们大多数人生活的地方,想在没有交通噪声和光污染以及与交通、电力和电信系统相关的所有人工制品的情况下享受乡村风光,这样的地方已经越来越少了。我们几乎看不到没有工业痕迹的风景,除了在电影制作人的再现和剪辑中。

城市的情况也好不到哪里去。如果我们把波德莱尔笔下浪荡子的巴黎、乔伊斯的都柏林与今天的城市做比较,那么我们很难感觉到公共空间变得更加令人愉快(这不是要否认住房和卫生设施有了巨大的改善)。特别是在繁忙的时候和地方,无论是对行人而言还是对困在拥堵车辆中的人而言,在城市中出行都成了一种煎熬、吵闹、困扰的体验。城市的美丽、片刻的休憩,都无法缓解这种体验中潜在的危险感。正因为如此,即使很多先进的城市当局也在试图扭转带来这些损害的进步③。

---

① J. Eastoe, Britain by Bike: *A Two-Wheeled Odyssey Around Britain*(《自行车上的英国:两个轮子游遍英国》), London: Batsford, 2010, p. 27.

② M. H. Ryle and K. Soper, 'Alternative Hedonism: The World by Bicycle'(《另类享乐主义:用自行车丈量世界》), in N. Osbaldiston ed., *Culture of the Slow: Social Deceleration in an Accelerated World*(《慢文化:加速世界中的社会减速》), p. 104.

③ 参见下一节"通信与交通:更快还是更慢"。

　　强调高速生活带来的压抑和对感官的摧残,不是为了否认它提供的便利和舒适。但是,每当我们讨论消费者的快感时,我们也应该讨论那些不快乐的东西,以及我们享受不来的那些乐趣。人们很少讨论享乐主义的这一层面,尤其是目前我们正在舍弃的一些"另类乐趣"。

让速度慢下来

通信和交通:更快还是更慢

　　从更快的出行、信息交换以及商品和服务的生产和分配等方面来看,加速(acceleration)已经成为过去 250 年资本主义发展不可或缺的一部分。我们开始把速度和效率联系起来,速度至今仍是我们对进步的理解的核心[1]。如果研究团队或工业设计师的发明创造会让我们做事情更慢,那么想让这些发明获得支持恐怕是很难的。选择以更慢的速度出行的人,依然常常被认为是有点古怪的。就像在田径比赛中一样,想在现代社会的竞争中取得成果,就是要快人一步,你越是领先,就越令人佩服。唯一的例外是一些较少工具性的活动,或者康德所谓的"无目的的目的"(艺术创作和享受、性爱、游戏、谈话、慢速自行车比赛等)。除此之外,我们都面临着降低时耗的压力,我们理所应当地把技术视为降低时耗的好

---

① 伊万·伊里奇在《能源与平等》(*Energy and Equity*,London: Harper and Row, 1973)一书中对速度崇拜的反对,至今仍是极其有用的。对于从工业革命开始到如今的整个时期的详细的学术和批判叙述,参见 J. Tomlinson, *Culture of Speed: The Coming of Immediacy*(《速度文化:立即性社会的来临》), London: Sage, 2007.

帮手。

在过去的 50 年里，技术对于节省时间的贡献，在通信领域体现得最为显著，也最受欢迎。这主要是由于硅芯片的计算能力不断提高（1960 年代中期以来，每 18 个月就翻一番）。① 虽然有些人因为年龄、生病、残疾，或仅仅是不喜欢而远离技术，并且感觉被边缘化，但是，大多数人很快就适应了信息的高速处理，每天通过社交媒体、电子邮件、短信和互联网进行数十亿次电子交流。当然，用户同时也变得极度依赖数字技术，把越来越多的生活花在某种形式的电子交流（telemediation）上。2018 年，全球有 40 亿人平均每天上网 6 小时（加在一起有 10 亿年）②。在英国，15—24 岁之间的人群每 6 到 8 分钟就会查看一次手机。40% 的成年人起床五分钟内的第一件事就是看手机。对于 35 岁以下的人，这个数字是 65%。与此类似，超过三分之一的成年人会在熄灯前的 5 分钟内查看手机（对于 35 岁以下人，这个数字是 60%）。超过三分之二的人说他们从不关闭智能手机，78% 的人说没有手机就活不下去。③

高速的网络连接显然已经是许多人的必需品，而且改变了他们的时间支出方式。上网到底是不是利用时间的最佳方

① 这种翻倍遵循了所谓的"摩尔定律"（得名于英特尔公司的戈登·摩尔）。虽然摩尔定律不可能无限地生效，但是专家预测，更有效地利用现有软件的新算法将使计算能力在可预见的未来继续加速。参见 L. Dormehl, 'Computers can't keep shrinking, but they'll keep getting better. Here's how'（《计算机不可能不断缩小，但它可以不断变好》），*Digital Trends*, 17 March 2018. digitaltrends.com.

② 参见 S. Kemp, 'Digital in 2018：World's Internet Users Pass the 4 Billion Mark'（《数字 2018：世界互联网用户突破 40 亿》），Special Report at *We Are Social*, 30 January 2018, wearesocial.com; accessed 15 November 2018.

③ 'A decade of digital dependency'（《近十年以来的数字依赖》），Ofcom, 2 August 2018, ofcom.org.uk; accessed 15 November 2018.

式,或者是不是比其他方式更好,我们还不清楚——事实上我们只能猜测。虽然在网上进行搜索、查询、购物和交流在很多层面上节省了时间,但它也诱使你去进行更多意料之外的搜索、查询、购物和交流。正如我们所知,不是每个人都希望智能手机支配自己和他人的生活:根据上文引用的通信管理局的报告,超过一半(54%)的人承认,网络设备妨碍了与朋友和家人面对面的交谈。超过五分之二(43%)的人说他们把太多时间花在网上,而很大一部分人表示他们不上网的时候效率更高,经常上网会让他们分心。电子邮件这个在工作场所最常用的工具,也让人们感叹信息过载和分心。电子邮件的快速引起了一些问题。邮件中往往不太准确的信息很快就堆积如山,我们不得不浪费时间来阅读不必要的通信,消除那些敷衍的文字所造成的混乱。

快速的出行引发了类似的矛盾,以及截然相反的反应。我们已经习惯了越来越快的交通方式,并且常常乐在其中。速度是个方便的东西,很令人兴奋。但是,我们对速度的享受是相对的,而且在历史上有所变化。查尔斯·狄更斯(Charles Dickens)在《匹克威克外传》(*The Pickwick Papers*,1836—1837)中这样描写一架以每小时 15 英里的速度疾驰的马车:"田地、树木和篱笆都像是用旋风的高速度向他们后面飞过去。"①今天的许多汽车司机认为,限速 20 英里每小时实在太慢了。速度的推崇者可能会用二者的对比来批评让我们慢下来的倡

---

① C. Dickens, *The Pickwick Papers*(《匹克威克外传》), London:Everyman, (undated), pp.125－126[中译文引自查尔斯·狄更斯,《匹克威克外传》,上海译文出版社,1979年,第 140 页。——译者注]

议：他们可能会说，加速比减速更"自然而然地"符合人类的需
求。但是，《匹克威克外传》中的这段话也说明了我们的适应
能力，说明我们可以轻松自如地适应不同的节奏，从而明白慢
速出行同样令人兴奋。在任何情况下，道路承载能力与安全
考量都会对速度施加限制；拥堵也会限制速度。有时候，更慢
的交通工具（骑自行车，甚至步行）能够比机动车更快地在城
镇之间穿行。

　　在自行车的例子中，还有一种更加形而上学的考虑：自行
车提供了一种机器假肢，既满足了人们对更快的速度的推崇，
同时又保持了生态友好。就像马丁·赖尔（Martin Ryle）说的，
自行车"既体现了机器文化，又破坏了机器文化（以及它的加
速的欲望和能力）"。骑自行车的速度是一件矛盾的事，同时
包含了快速和慢速的快感。靠惯性滑行是一种"独特的慵懒
的快速模式"。在帆船、滑雪、滑冰、骑马这些非机动的交通方
式中，我们也可以看到这种可持续的速度悖论。不过，赖尔认
为，骑自行车的独一无二之处在于，它"既反映又颠覆了身体
嵌入机器装置的普遍状况"：

　　　　在骑自行车时，身体和机器的关系是共生的。
骑行者遵循他们自己创造和维持的节奏。在踩踏板
的过程中，他们把这些节奏传递给自行车，自行车再
把这些节奏转化为自己的前进运动；但这些节奏最
终还是要服从骑行者的意志。正因为如此，最初的
骑行者、制造商和广告商试图用鸟类的飞行和半人
马的速度来表现骑自行车的快感，这些意象说明人

类的力量在新的、完整的、同样有机的存在物中得到
了延伸。①

减少飞机和汽车的使用

但是,目前,喷气式飞机和汽车——最不可持续的出行方
式——依然获得了几乎所有的投资,而且经常被视为当代生
活的一个重要方面。因为没有充足的、负担得起的公共交通,
没有其他出行方式的安全供应,乘汽车出行对许多工人来说
似乎是不可避免的。在英国,乘火车通勤的人(想在高峰时段
进入大城市只有这个实际的办法)面临着水涨船高的票价,而
且这已经是全欧洲最高的票价之一了。足够的座位、儿童专
用区域、回收设施、宽敞的自行车库,使得乘火车出行在欧洲
其他地区广受欢迎,而这些东西在英国是找不到的。鉴于几
家私有的特许铁路公司的不可靠已经是臭名昭著了,工人们
可能根本无法坐到一列火车。②

在假期和短暂休息时,因为他们面临着在 7×24 小时的工
作中尽量抽出时间的压力,所以快速度假和短途出游成为首
选。想在大多数度假者有限的时间范围内往返于遥远的目的

---

① M. H. Ryle and K. Soper, 'Alternative Hedonism: The World by Bicycle'(《另类享乐主
义:用自行车丈量世界》), in N. Osbaldiston ed., *Culture of the Slow : Social Deceleration
in an Accelerated World*(《慢文化:加速世界中的社会减速》), p. 102. 同样参见 M.
H. Ryle, 'Vélorutionary?'(《自行车革命》), *Radical Philosophy*, July – August 2011,
pp. 2 – 5.

② 2018 年 11 月英国宣布铁路票价上涨 3.1%,尤其让铁路乘客感到愤怒,因为在此前的
12 个月中,火车的延误和取消次数达到了十年来的最高水平。参见《卫报》2018 年 11
月 30 日的报道,'UK rail fares to rise 3.1% in new year'(《英国铁路票价在新的一年里
上涨了 3.1%》)。2017 年 1 月,"铁路行动"组织发布了一份报告,说明英国的通勤者
花在火车上的收入比例,高于另外 8 个欧洲国家(只有葡萄牙的铁路通勤费用高于英
国)。参见《卫报》2017 年 1 月 6 日的报道,'Tracking the cost: UK and European rail
commuter fares compared'(《追踪成本:英国和其他欧洲国家铁路通勤票价比较》)。

地,飞机往往是唯一可行的途径。我将在下文讨论这种相互依赖(inter-dependency)的模式,这种模式既是生活普遍加速的后果,也是生活普遍加速的原因。给环境带来的后果是显而易见的,从这个角度看,就像绿党的议员卡罗琳·卢卡斯(Caroline Lucas)说的,扩建伦敦希思罗机场的计划是"不可原谅的"。如果机场坚持这么做,后代绝不会原谅这种倒行逆施。① 正如运动人士指出的那样,要想在 2050 年将航空业的碳排放量限制在每年 3750 万吨,就不可能让英国的航空业在 2030 年排放 4300 万吨,在 21 世纪末依然排放 7300 万吨(根据绿色和平组织的数据,这一数字相当于塞浦路斯全国的总排放量)。② 当然,我们也可以继续这样做——这就是为什么经常坐飞机的人(70% 的航班都是由 15% 最富裕的英国人乘坐的)也把他们紧迫的债务放在了未来。③ 我们面临的挑战是双重的:一方面是提供到达遥远地方的更绿色的方式,另一方面是鼓励人们用慢速的方式前往离家较近的地方。同样的,在这一点上,享乐主义的论点可以强化环保主义的论点。

即使在一些较远的行程中,飞机也不是唯一选择,因为火车出行照样可以很快,尤其是考虑到往返机场的时间。火车会排放碳,而且火车很昂贵。但是,从伦敦去巴黎,如果坐火

---

① R. Hallam, ' Wake up, Britain. We've been betrayed over Heathrow '(《醒醒吧,英国,希思罗机场出卖了我们》), *Guardian*, 27 June 2018.

② O. Jones, ' Brexit Britain's dash for growth will be a disaster for the environment '(《脱欧后的英国拼命追求增长,将带来一场环境灾难》), *Guardian*, 28 June 2018.

③ O. Jones, ' Brexit Britain's dash for growth will be a disaster for the environment '(《脱欧后的英国拼命追求增长,将带来一场环境灾难》), *Guardian*, 28 June 2018. 因为一半英国人一年都不坐一次飞机,所以常坐飞机的人确实对碳排放做出了不成比例的贡献。从伦敦到纽约或旧金山的一次往返航班引发的变暖效应,相当于每位经济舱乘客排放了两吨多二氧化碳。这个数量要高于普通芬兰人年排放总量的 20%,也高于普通印度人年排放总量。统计数据出自 www. flyless. org(该组织致力于减少学术界的飞行里程),posted 15 October 2015; accessed 13 July 2016.

车而不是飞机,可以让每位旅客的排放量减少90%,而且生态化的定价和税收政策可以让火车更加便宜。① 更加环保的替代方案,也是更加令人愉快和有趣的。田野和树篱、河流和山丘、村庄和城镇,虽然是一闪而过,但它们提供了"自然和文化的图像,恢复了一直以来与出行相联的视觉和生存的乐趣。我们瞥见的东西提醒我们,加速会错过某些东西,这可能会促使我们下一次放慢速度"②。从"61号座位上的人"这个网站(网址为 www.seat61.com)所受到的追捧来看(该网站提供世界各地的铁路交通信息),远距离的火车出行越来越受欢迎,因为它既令人愉快,又是绿色的。但是,让假期变得更加绿色所需的文化转变,其核心要素是"走向本地"(going local)——尤其是如果我们过着一种不那么忙于工作的生活,拥有更多的假期。

伴随着不断增长的航空业带来的二氧化碳排放,汽车和公路货运也产生了大量二氧化碳。德国航空航天中心(German Aerospace Centre)的科学家表示,欧盟的汽车碳排放量在过去十年几乎没有变化,除非有一场彻底的变革,否则该行业的碳预算将在五到十年内耗尽。③ 汽车的排放物也是工业社会中有毒气体污染物的最重要来源。世界上大多数(90%)人如今都受到有毒气体的影响,每年约有700万人因

---

① 更全面的细节,参见 www.seat61.com。更多的数据,参见 www.eurostar.com and www.ecopassenger.com; accessed 15 November 2018.

② M. H. Ryle and K. Soper, 'Alternative Hedonism: The World by Bicycle'(《另类享乐主义:用自行车丈量世界》), in N. Osbaldiston ed., *Culture of the Slow: Social Deceleration in an Accelerated World*(《慢文化:加速世界中的社会减速》), p.98.

③ A. Neslen, 'EU must end petrol and diesel car sales by 2030 to meet climate targets'(《欧盟必须在 2030 年之前停止出售汽油和柴油汽车,才能实现气候目标》), *Guardian*, 20 September 2018.

此过早死亡。儿童首当其冲，3 亿儿童如今生活在有毒烟雾高于国际标准六倍的地区。① 虽然混合动力汽车和电动汽车的污染更少，但是它们所用的电必须事先生产出来，电池会损坏，必须报废，而且它们和所有汽车一样在制造过程中用了大量塑料②。更重要的一点是，它们是反乌托邦的（dystopian），因为它们延续了汽车文化带来的危险、拥堵、丑陋及对空间的支配，而没有让我们超越汽车文化。

　　街道交通状况导致了许多街道使用者的生命被过早地、残忍地结束了。2017 年，美国约有 40000 人死于交通事故，英国约有 1800 人（其中 26% 是行人）死亡，约 28000 人重伤。③ 蕾切尔·奥尔德雷德（Rachel Aldred）最近发布的一份报告指出，在英国，社会和经济贫困地区的儿童遭遇交通事故的可能性尤其大，尽管他们的父母不太可能买得起汽车。④ 街道上的车辆还破坏了人类之外的其他生物的生命和栖息地，而与此同时，世界野生动物基金会（World Wildlife Fund）正在

① 2 D. Carrington and M. Taylor, 'Air pollution is the "new tobacco" warns WHO head'（《世卫组织领导人称，空气污染是"新的烟草"》）, *Guardian*, 27 October 2018. 最近的一篇报道指出，空气污染可能影响身体的每个细胞。N. Davis, 'Impact of air pollution on health may be far worse than thought'（《空气污染对健康的影响可能比我们想象的更加严重》）, *Guardian*, 27 November 2018）.

② 汽车和飞机的 50% 是由塑料组成的。参见 S. Buranyi 'Plastic Backlash：What's Behind our Sudden Rage? And will it make a Difference?', *Guardian*, 13 November 2018.

③ N. Bomey, 'U. S. vehicle deaths topped 40,000 in 2017, National Safety Council estimates'（《国家安全委员会估计，2017 年美国因汽车而死亡的人数超过 40000》）, USA Today, 15 February 2018, usatoday. com；accessed 22 November 2018. 'National Statistics-Reported road casualties Great Britain, annual report：2017'（《国家统计局——英国 2017 年度报告的公路伤亡人数》）, 参见 www. gov. uk；accessed 22 November 2018.

④ 参见 R. Aldred, 'Road injuries in the National Travel Survey：underreporting and inequalities in injury risk'（《全球出行调查中的公路伤亡：伤亡风险的报道不足和不平等》）, University of Westminster project report, 2018；accessed 4 December 2018, pages 3 and 5.

说服我们,当前生态系统和野生动物的损失速度对我们未来的威胁不亚于气候变化。① 虽然汽车可能不是野生动物灭绝的主要原因,但是它们肯定无助于保护野生动物,而且坐在车里让我们屏蔽了它们造成的损害。

但这种屏蔽也损害和减少了出行的审美快感。坐着汽车飞奔在路上,你只能看到你经过的某些事物,尽管连这点视觉快感也受到挡风玻璃和车窗的狭小画框的限制。你失去了其他感官的参与,局限于亚历克斯·威尔逊(Alex Wilson)在研究北美景观时所谓的"驾车者的审美"之中。威尔逊认为,伟大的美国"观光"园林大道的设计师们"创造了一种本质上视觉性的体验,一种排除了味觉、触觉和嗅觉的体验;在这种体验中,景观成为'汽车空间'中的一个事件,它的单向度性类似于航拍照片的视角。在这个过程中,观光路线的设计师牺牲了某些景观以凸显某些景观,消除了他们认为难看的景观,限制了与园林大道美学不相容的一切活动,从而实际上教导大道的使用者如何欣赏自然的'美'"。② 现代媒体进一步让我们感觉"自然"是某种主要用来看的事物,因为对自然的大部分体验如今都以虚拟的(virtual)形式出现:自然成为一种被在电视或电脑屏幕上观看的事物,且往往是从空中或从机动车上看到的,这种现象会使得声音边缘化,而且彻底抹杀了味觉

---

① 参见 livingplanetindex. org;accessed 29 October 2018; D. Carrington, ' Humanity has wiped out 60% of animals since 1970, report finds'(《报告发现,人类自 1970 年以来消灭了 60%的动物》), *Guardian*, 30 October 2018.

② A. Wilson, *The Making of the North American Landscape:From Disney to the Exxon Valdez* (《北美景观的形成:从迪士尼到埃克森·瓦尔迪兹号油轮》), Oxford:Blackwell, 1991, p. 37f. 比较 K. Soper, *What is Nature? Culture, Politics and the Non-Human*(《什么是自然? 文化、政治与非人类》), p. 242 - 243.

和触觉的贡献。

与此相反，如果我们很好地提供步行或骑自行车的条件，那么我们就能享受视觉、嗅觉、听觉和身体活动的快感（及好处），以及独处和沉默的体验。对于以更加封闭和快速的方式出行的人，这些体验是不复存在的。正如威尔逊所说，更慢的出行方式让人们享受一种通感的（synaesthetic）体验，而不是偷窥的（voyeuristic）体验。没有人可以完全依赖这些更慢的交通方式，但是我们可以在目前的情况之上更多地提倡它们，特别是在短途旅行之中（英国四分之一的汽车出行在两英里之内）①。通过坚定的、有想象力的供给模式，我们很容易就能克服妨碍男女老少都骑自行车的障碍。除了奥林匹克公园内的伦敦自行车场——它强化了英国将自行车运动作为一项小众运动和耐力测试的文化倾向——我们还需要在街道上为每个人的日常骑行提供单独的空间。自行车手在室内赛道上比拼速度，在马路上却举步维艰。与其如此，为什么不在照明充足的多车道马路上，为年幼的、不会开车的人提供自行车和电动车，为什么不在自行车道上每隔一段距离提供淋浴、更衣室和咖啡馆？虽然这种设想听起来是乌托邦式的，但比起大规模汽车出行所需的那些基础设施，它的成本是微不足道的——尤其是考虑到更好的公共卫生所带来的经济和社会收益。

把街道夺回来

高速的交通既杀死了社区，也杀害了个人。研究表明，人

---

① G. Fuller, 'What Would a Smog-Free City Look Like?' (《一个没有雾霾的城市会是什么样的？》), *Guardian*, 18 November 2018.

们的交通量越多,户外活动的时间就越少——认识邻居的可能性也越小。① 父母对事故的担忧让街道成为儿童的禁区,严重影响了儿童的玩耍,剥夺了他们的许多乐趣。1971 年,英国七八岁的儿童 80% 是自己上学的;今天,我们根本无法想象一个 7 岁的儿童不用大人陪着,自己走到学校去。就像梅尔·希尔曼说的,我们让儿童离危险远远的,而不是让危险离儿童远远的——而且让上学的路上满是排放污染的汽车。② 过去,儿童很多时候可以离开大人身边,就像童谣所畅想的那样,在月光下美妙的时空中忘记他们的烦恼,"男孩女孩都来玩,月光亮得像白天……"今天,无论是在乡下还是在城里,他们都很少离开长辈紧张的监视,很难摆脱司机们的机动车对他们的威胁。他们别无选择:他们在交通面前手无寸铁,只能被关在家里或坐在车里。

不仅儿童深受其苦。就像"复活街道运动"(Living Streets campaign)所指出的,在人类历史的大部分时间里,街道除了供儿童玩耍,也可以供人们舒适地进行各种活动:它们是社交、公开见面、娱乐和游行的地方。如今街道成了交通走廊,把本地社区分隔得支离破碎。大多数道路的设计和分类的优先考虑是它们能承载多少交通量。人们忽视了街道作为社交场所的用途,也忽视了在许多街道(特别是本地最热闹的街道)上

---

① J. Hart and G. Parkhurst, 'Driven to excess: Impacts of motor vehicles on the quality of life of residents of three streets in Bristol UK'(《过度开车:机动车对英国布里斯托尔三个街道的居民生活质量的影响》), found at eprints. uwe. ac. uk; accessed 25 November 2018.

② P. Barkham interview, '"We're doomed": Mayer Hillman on the climate reality no one else will dare mention'(《我们完蛋了,梅尔·希尔曼谈论人人闭口不谈的气候现实》), *Guardian*, 16 April 2018.

步行的人远远多于开车的人这一事实。人们拓宽了街道和转
角，压缩了人行道，从而加快交通速度。人们竖起了屏障，防
止人们任意地穿越街道。指示灯和路牌是为高速行驶的人设
计的。这一切的结果是一个歧视行人的丑陋而可怖的环境①。
因为城市空间和道路系统通常是根据车辆而非行人的出行而
组织的，所以公园和院子通常是唯一可供放松和消遣的空间。
虽然"公共的"商场区域（通常是私有的、受到监管的）也让人
们可以避免交通，但是商场会监视那些"不受欢迎的"（非购物
的）因素，定期把它们清除出去。商场也不提供太多舒服的座
位，生怕购物者占了便宜。

因此，为了最频繁地使用街道的人们，我们要把街道夺回
来，就像《复活街道宣言》说的：

> 为什么行人要像车辆一样，始终保持移动状态？
> 《公路法》赋予车辆的唯一权利是"在公路上来来回
> 回"。我们时代的一个标志是，描述在街上停留的词
> 语都具有负面含义——"晃悠""游走""瞎逛"。我
> 们的街道既是休息的地方，也是工作的地方，还是跟
> 邻居聊天、读报纸或欣赏路上风景的地方。活生生
> 的街道需要角落、长椅和围墙，供人们歇歇脚，打发
> 时间。

城市设计和政策制定者很迟才意识到这一点。欧洲和其

---

① 这段论述参考了 2005 年"复活街道运动"网站上的宣言。目前的运动参见 www. living
streets. co. uk；accessed 13 July 2016.

他地方的城镇在空间的利用上做出了有想象力的、绿色的改变。在某些例子中，居民和城镇规划者开始主动出击。例如，在首尔，一条在 1973—2003 年每天有 17 万辆汽车驶入市中心的四车道高架快速路被拆除，取而代之的是一个种着 150 万棵树的长长的河滨公园、一条自行车道，以及清溪川（Cheonggyecheon）边的一块节日场地，它一直以来被道路所覆盖。虽然人们预计会出现交通混乱，但居民现在已经适应了，更多的人乘坐地铁出行。在西雅图、纽约和谢菲尔德，被道路所覆盖的河流也得到了疏通。[①]《卫报》最近刊登了一些城市的图片，在亚的斯亚贝巴、波哥大、孟买、巴西的圣保罗和福塔莱萨，单调和危险的城市十字路口被改造成色彩斑斓的适合步行的区域。[②] 在欧洲，弗莱堡自 1971 年以来逐步实现了全面步行，现在基本上看不到汽车的踪影。希特霍伦（Giethoorn）、纽伦堡（Nürnberg）、马拉加（Málaga）、塞尔维亚（Seville）、锡耶纳（Siena）、五村镇（Cinque Terre）、杜布罗夫尼克（Dubrovnik）、圣彼得堡（St. Petersburg）、韦克舍（Växjö）、马尔默（Malmö）和哥本哈根（Copenhagen）等许多城镇在很大程度上实现了无车化，至少在它们的老城区或中心区域。在英国，人们也取得了一些进展，从机动车辆手中夺回了街道，并且在某些例子中降低了限速，但是，这些进展并不显著，警方很少严查 20 英里/小时的限速，人们常常忽视它。

① G. Fuller, 'What Would a Smog-Free City Look Like?'（《一个没有雾霾的城市会是什么样的?》）, *Guardian*, 18 November 2018.

② 'Goodbye cars, hello colour, the great reinvention of city intersections'（《汽车再见，彩色你好，城市十字路口的伟大重塑》）, Walking the City series, *Guardian*, 20 September 2018.

　　唐卡斯特（Doncaster）最近发生的变化或许更不寻常。这是一个以工人阶级为主的城市，到处是高速公路和零售配送中心，包括郊区的一个巨大的亚马逊配送中心。议员和当地的活动家正在夺回唐卡斯特，追求一种对人类友好的"工匠经济"。以前占三层楼的英国家庭商店（BHS），现在成了"飞力高蹦床乐园"（Flip Out）；曾经被停车场占据的城市的一部分，现在成了一家剧院和艺术场地；一个新的"文化和学习中心"即将开放，包含了图书馆和市博物馆。蕾切尔·霍恩（Rachel Horne）是"文化长廊"（在这个活动中，咖啡馆、酒馆和其他场所共同举办音乐节、诗歌节和展览）的组织者，也是新创办的《唐卡斯特大都会》（*Duncopolitan*）杂志的联合编辑。用她的话说：

　　　　我们正在努力创造一种不同的生活方式。如果我不这样做，我就会陷入临床抑郁，做我讨厌的工作，比如在呼叫中心工作。这里没有很多其他的工作，因此，这就像是"你要创造自己的工作"……虽然唐卡斯特是一个工人阶级的城镇，但这不意味着我们是白痴。这不意味着我们没有真正的创造力，也不意味着我们不能对城镇中心发生的事情感兴趣。你可以看到这里的人们渴望做不一样的事情，如果我们有机会让这些事发生……呼叫中心和仓库，就是现代版的矿坑。但这不意味着其中的人们没有真正的创造力。这只是一份工作而已……我不认为我们真的需要我们购买的那些东西。我认为我们可以

找到占据空间的新方法,委员会需要像我们这样的
人来做这件事。①

走向本地

或许,高速出行最珍贵且看似不可替代的优势在于,它可
以轻松地把我们带到遥远的度假和会议目的地,并且允许大
量人(虽然从全球范围看依然是少数)享受到一个世纪前专属
于最富裕的精英的出行体验。

出国度假的乐趣,以及接触不同空间和文化带来的生活
体验的提升,是很难否认的。长途旅行越来越追求这种差异
感,尽管这种陌生感也可以在离家更近的地方体验到:举两个
例子,下诺曼底大区山上的城镇与梅奥郡北部的沼泽,在英国
没有与之相似的地方。出国旅行可能对环境和从事旅游业的
当地工人造成剥削。提供生态旅游体验的公司鼓励游客涌入
旅游业目前尚未"开发"的区域,却对由此造成的矛盾闭口不
谈。而且,这些组织似乎特别擅长淡化长途飞行在创造"受威
胁和脆弱的"环境的过程中的作用,同时还邀请它们的客户
(通常被称为"研究志愿者"或"保护志愿者")前来帮助保护
环境。不用说,这些行程的第一步和最后一步都是国际航班,
许多人还需要进一步乘坐国内航班才能到达他们选择的文明
前哨。带游客去印度看老虎或去北极看北极熊的旅行是气候
变化的重要原因,而气候变化正在侵蚀这些受威胁动物的栖
息地。

---

① J. Harris, 'Amazon v the high street—how Doncaster is fighting back'(《亚马逊与高
街——唐卡斯特如何反击》), *Guardian*, 11 October 2018.

如果这些旅行是短暂的，那么长途旅行（long-haul journeys）对环境的影响将是更大的。这意味着，出行本身的频率更高，接受度也更高，因为我们只需要短暂地离开工作或学校。这种远距离、短时间的逃离现实的度假文化，是一种高速的、工作密集型的文化所需要的消费主义供给的又一个例子。从英国到纽约、斯堪的纳维亚和欧洲城市的定期周末假期，被视为保持身心健康的必要条件。往返的旅程以耗时而不是里程来衡量，它不过是到达度假地点的一种方式。我们自然而然地认为，除非旅行到很远的地方，否则"逃离"是不可能的。甚至学校也组织了各种旅行，促使学生认为，只有在机舱里花费几个小时、待在地球上很远的地方，才能获得重要的体验或兴奋。[1]

我们不禁要问，这种旅行能否给人一种永远沉浸在不同环境和不同节奏中的感觉（这曾经是人们，尤其是儿童期盼和怀念假期的原因）？在遥远的、文化陌生的地方的度假与日常生活之间的极端对比，甚至会扼杀一种超现实和梦境般的体验，这种体验发生在搬到离家较近、却与日常迥然不同的地方的时刻。普鲁斯特笔下的马塞尔从康布雷（Combray）到巴尔贝克（Balbec）度假不用走多远，这段"出行经历"几乎没有戏剧性或崇高性的地方。但是，日常和熟悉的东西的微妙变化，产生了一种罕见而迷人的体验。或许，正是因为每一天与下一天都是相似的，所以每一天都融合起来，产生了关于每一天

---

[1] 关于学校向学生推销的旅行，参见 schoolsworldwide. co.uk；同样参见 J. Éclair, 'This is why we need to stop sending our children on fancy school trips'（《这就是为什么我们要停止让我们的孩子参加花里胡哨的学校旅行》），*Independent*, 26 March 2018.

的美好和独特的记忆。从吕贝克(Lübeck)到波罗的海沿岸的特拉夫门德(Travemünde)并不远(在 19 世纪后期,坐马车两到三个小时)。但是,对于托马斯·曼笔下的汉诺·布登波洛克,这是一个截然不同的欢快世界:

> 不论是侍役铺在桌上的台布的新浆洗的味道,还是皱纸做的餐巾,式样奇特的面包,还是那种不像在家中用骨匙从金属碗里吃的鸡蛋,一切都令小约翰非常迷醉。早餐以后的事也无一不安排得轻松愉快——一种多么悠闲舒适、处处被安排妥帖的生活。一天就这样无拘无束地过去了:早晨在海滨,听着旅馆乐团演奏午前音乐节目,静静地躺在藤椅前面,懒懒的,像在梦境里似的玩弄着那干净的细沙,眼光闲适自得地投向那无边无际的一片碧绿和蔚蓝,从那上面一股强劲、粗野、新鲜、芬芳的空气,自由地、毫无阻挡地吹来,带来海涛温柔的砰砰哄哄的声响,一刻不停地冲进耳鼓,使你陷入一种舒适的昏暗,一种昏迷沉醉的境界,仿佛你已经坠入一片幸福的昏厥里,一切束缚人的知觉,时间呀,空间呀什么的,都失去了。①

有人会说,普鲁斯特和曼记录的是享受特权的资产阶级

---

① T. Mann, *Buddenbrooks*(《布登勃洛克一家》), trans. H. T. Lowe-Porter, London: Secker & Warburg, 1930 [1902], p. 235. [中译文引自《布登勃洛克一家》,人民文学出版社,1962 年,第 630 页。——译者注]

的假期,这种说法当然没错:比马塞尔和汉诺更穷的家庭出身的人无疑不会分享他们的假期乐趣。不过,这一点在目前的语境下是无关紧要的,因为本地化的假期不会比许多家庭去遥远度假地的旅行更加昂贵(如果后者更加便宜,那靠的是特价航班和低薪的当地劳工)。远距离旅行不再保证任何全新的体验,因为地球村带来了同质性和唾手可得性。如今,詹姆斯·克利福德(James Clifford)指出,"一种旧的旅行模式被颠覆了。我们不再坚信离开家能找到某种全新的东西,找到另一种时间或空间。我们在毗邻的街区遭遇了差异,却在地球的尽头看到了熟悉的东西"①。

商品:舍弃与自足

强大的驱动力:地位购买与时尚跟风

消费文化的发展在很大程度上依赖于消费的个体化,部分原因是造成社会分层的地位购买,以及个性化、私人化的生活安排。反过来,这些发展也依赖于消费者对时尚的兴趣和对新事物的审美。随着利润日益来自快速的淘汰和款式的创新,而不是来自单纯的量的增加,这种市场动态已经在我们的生活中根深蒂固。虽然这种时尚的周期已经涉足家庭消费、电子产品和体育用品等诸多领域,但是,服装是最受制于它的

---

① J. Clifford, *The Predicament of Culture*(《文化的困境》), Cambridge, MA: Harvard University Press, 1988, p. 14. M. Houellebecq, *Atomized*(《基本粒子》), London: Vintage, 2001)对于当代度假的逃避主义进行了深刻而令人不安的反思。

领域——也是它的影响力最大的领域。由于"快"时尚的发展及其对快速淘汰的鼓励,这种现象尤其具有剥削性和环境破坏性。虽然时尚服装的生产不一定意味着恶劣的工作条件,也不一定意味着使用低劣的材料或粗制滥造,但是在"快"时尚产业中情况往往就是如此,因为它生产商品不是为了耐用,而是为了穿几次就扔掉。鞋子和衣服的时尚风格如今每年都要换几次,因此许多衣服实际上成了一次性的,没怎么穿就扔掉了。在美国,1991—2006 年,普通消费者每年购买的服装数量几乎翻了一番,从 34.7 件增加到 68 件(相当于每五六天买一件)。① 在英国,估计有价值 300 亿英镑的闲置衣物挂在衣橱里,每周有 1100 万件衣服送往垃圾场②。每年全世界生产 1000 多亿件服装,各品牌厂商把多余的产品扔到焚烧炉里③。

地位购买与时尚跟风的影响是矛盾性的。鼓励人们进行炫耀的、招人嫉妒的消费,确实很好地促进了经济增长。但是,从消费者自身的角度看,它的满足感受到所谓的"享乐适应"和"享乐跑步机"的困扰:买新的东西没有让人变得更加快乐,试图跟上这场追逐地位的竞赛,就像在一架没有赢家的跑

① J. Schor, 'From Fast Fashion to Connected Consumption: Slowing Down the Spending Treadmill'(《从快时尚到互联消费:让花钱慢下来》), in N. Osbaldiston, *Culture of the Slow: Social Deceleration in an Accelerated World*(《慢文化:加速世界中的社会减速》), pp. 37f. 同样参见 I. Skoggard, 'Transnational Commodity Flows and the Global Phenomenon of the Brand'(《跨国商品流动与全球品牌现象》), in A. Brydon and S. Niessen, eds, *Consuming Fashion: Adorning the Transnational Body*(《消费时尚:装扮跨国身体》), Oxford and New York: Berg, 1998.
② P. Cocozza, '"Don't feed the monster!" The people who have stopped buying new clothes'(《不要养肥怪物! 人们应该停止购买新衣服》), *Guardian*, 19 February 2018.
③ L. Siegle, 'Influencers can combat fast fashion's toxic trend'(《网红可以对抗快时尚的有害趋势》), *Guardian*, 7 October 2018.

步机上,每个人必须不停走下去才能留在原地①。时尚跟风本质上是矛盾的:它承诺让你与众不同,但又没有时间让你打破常规。它让你摆脱重复[虽然要付出一些审美的代价,奥斯卡·王尔德(Oscar Wilde)正确地把它定义为"一种难以忍受的丑陋,我们不得不每六个月改变一次"②],但这只有在服从外部集体的指令的情况下。个体因为时尚跟风而联结起来,但这种联结不是个人性的,在个人层面是可有可无的,因为哪些人在跟风是无关紧要的,只要足够多的人跟风就行了。这种缺乏团结的集体性,与市场本身一样,因为日新月异但本质上同质的消费形式而蓬勃发展,而不是促进真正的差异和越轨。在这一方面,服装时尚是消费文化操纵(并得益于)人们关于个性化和自我表达的焦虑的典范。它既激发了这种焦虑,又谴责这种焦虑。

话虽如此,地位购买与时尚跟风所导致的强迫心态依然是强大的,如果认为它们的自我颠覆倾向对购买者有很大的威慑作用,那就太愚蠢了。近来一个越来越有影响力的现象是,出现了大量关于工厂的状况和服装业庞大的环境足迹的消息。一些大型时尚品牌正开始转向使用再生尼龙(Econyl,由海洋中回收的塑料制成)等面料,而且消费者本

---

① 关于这种现象的一些证据,参见 R. Layard, *Happiness: Lessons from a New Science*(《幸福:一门新科学的教诲》), London: Allen Lane, 2004; T. Kasser, *The High Price of Materialism*(《物质主义的高昂代价》), Cambridge: MIT Press, 2002; and 'Values and Prosperity'(《价值与繁荣》), paper to the UK Sustainable Development Commission seminar on 'Visions of Prosperity', 26 November 2008.

② O. Wilde, 'The Philosophy of Dress'(《穿衣的哲学》), *New York Tribune*, 19 April 1885, p. 9.

身给制造商施加了采购可持续材料的压力①。还有证据表明,千禧一代现在认为"道德购物"很酷,Instagram 上的网红在这一点上发挥了作用,这些发展可能对未来的购物模式产生重要影响②。但是,这绝不是保证。露西·西格尔(Lucy Siegle)注意到了正在兴起的反对快时尚的转向,但是她建议我们不要过于乐观:

> 想象在泛滥的时尚中长大的几代人突然踩下刹车,似乎是异想天开。但是我们需要他们。Instagram 上的网红要做的,不仅是发布关于复古或再生纤维的奇怪的正面信息。他们必须成为活动家,与那些掠夺地球的品牌和习惯作斗争。③

他们还需要质疑时装业工人通常骇人听闻的状况,包括那些连英国国内都存在的"黑心工厂"④。

少索取,多分享

在提倡从个体化的购物到更集体的消费形式的任何重大

---

① S. Conlon, 'Trawling for trash: the brands that are now turning plastic pollution into fashion'(《打捞垃圾:品牌厂家正在把塑料污染变成时尚》), *Guardian*, 23 November 2018, cf. aquafil.com; accessed 27 November 2018.

② S. Dooley, 'Fashion's Dirty Secrets'(《时尚的肮脏秘密》), bbc.co.uk; accessed 25 November 2018. 比较 P. Cocozza, '"Don't feed the monster!" The people who have stopped buying new clothes'(《不要养肥怪物! 人们应该停止购买新衣服》); L. Siegle, 'Influencers can combat fast fashion's toxic trend'(《网红可以对抗快时尚的有害趋势》)。

③ L. Siegle, 'Influencers can combat fast fashion's toxic trend'(《网红可以对抗快时尚的有害趋势》)。

④ 参见莎拉·奥康纳关于莱斯特的服装工厂的非法行为的报道, S. O'Connor, 'Dark factories: labour exploitation in Britain's garment industry'(《黑心工厂:英国服装业的劳动剥削》), *Financial Times*, 17 May 2018.

转变时,我们都要保持谨慎。上文所说的根深蒂固的个体化力量,创造了一种拒绝共享和分享的竞争心态。不平等也促进了这种心态,因为它阻碍了相互信任的形成,而相互信任对于成功的分享和更具合作精神的工作(它要求人们灵活地决定在何时何地做事情)是必不可少的。

但是,除了有利于环境,减少个人购物,转向更具合作精神的消费形式,还有另类享乐主义层面的理由。分享工具、设备和机器可以腾出空间,减少打扫和修理的劳动和疲倦,而且废物处理的难题也更少了。正如女性主义评论家一直在说的,虽然节省人力的设备越来越多,但是花在家务上的时间几乎没有变化:这一部分是因为衡量清洁程度的标准向医学靠拢,同时也是因为我们把更多时间花在购买、清洁、维护私有的家用机器上。[①]"舍弃"包含了一切既能满足人们对商品和服务的需求,又不用购买新商品或使用商业供应商的购买和消费模式。这些模式包括旧货廉卖、义卖、二手商店,以及其他用于回收物品的资源(现在出现了越来越多的网站,比如ilovefreegle. org, Freecycle. org 和 Sharestuff. com)。除了省钱,这种交易和物物交换还让人们可以获得他们在零售店永远找不到的各种稀罕的物件。基于标准化商品的大规模生产的市场供给,往往会让我们满足需求的方式同质化。而舍弃传统

[①] B. Ehrenreich and D. English, 'The Manufacture of Housework'(《家务的制造》), in *Socialist Revolution*, October-December, 1975; A. Oakley, *Woman's Work: The Housewife Past and Present*(《女性的工作:过去和现在的家庭主妇》), New York: Vintage Books, 1976; J. Schor, *The Overworked American: The Unexpected Decline of Leisure*(《过劳的美国人:闲暇的空前消亡》), pp. 83 - 105; U. Huws, *The Making of a Cybertariat: Virtual Work in a Real World*(《高科技无产阶级的形成:真实世界里的虚拟工作》), London: Merlin Press, 2003, p. 37.

的零售模式,可以鼓励各种标新立异、拼拼凑凑和"精打细算"的方式。

旨在创造一种非营利的平行经济的"协作"或"互联"消费网络已经越来越多,越来越复杂,特别是在美国。[1] 这些网络涉及拼车、时间银行、技能交换和共享、家庭和园艺工具的循环利用、服装互换、家庭烹饪(包括晚餐俱乐部)、手工艺品、集体住房、土地共享和金融服务。它们在一定程度上受到 2008 年金融危机的推动,旨在减少碳排放和浪费,同时创造更注重生态的社区,以及更协作的生活方式。[2] 一些起初非营利的举措后来商业化了(比如 eBay 或 Craigslist),而像 AirBnB 这样始终盈利的企业有时也被视为共享经济的一部分,尽管其运作模式明显是新自由主义的,没有多少环保的关切(Uber 是最臭名昭著的例子)[3]。不过,真正非商业的网络依然是广受欢迎的,它既是主流购物模式的替代品,又是促进欢聚(conviviality)的一种手段。蒲鲁东提出了舍弃国家机构和主

[1] 相关的例子和讨论,参见 J. Schor, 'From Fast Fashion to Connected Consumption: Slowing Down the Spending Treadmill'(《从快时尚到互联消费:让花钱慢下来》), in N. Osbaldiston, *Culture of the Slow: Social Deceleration in an Accelerated World*(《慢文化:加速世界中的社会减速》), pp. 42 – 50; *Plenitude: The New Economics of True Wealth*(《丰裕:真实财富的新经济学》), London: Penguin Books, 2010, p. 100 – 170; X. de Lecaros Aquise, 'The rise of collaborative consumption and the experience economy'(《协作消费与体验经济的兴起》), *Guardian*, 3 January 2014; J. Williams, '10 collaborative consumption websites'(《十个协作消费网站》), *The Earthbound Report*, 3 October 2012.

[2] J. Schor, 'From Fast Fashion to Connected Consumption: Slowing Down the Spending Treadmill'(《从快时尚到互联消费:让花钱慢下来》), in N. Osbaldiston, *Culture of the Slow: Social Deceleration in an Accelerated World*(《慢文化:加速世界中的社会减速》), pp. 34 – 51.

[3] J. Schor, 'From Fast Fashion to Connected Consumption: Slowing Down the Spending Treadmill'(《从快时尚到互联消费:让花钱慢下来》), in N. Osbaldiston, *Culture of the Slow: Social Deceleration in an Accelerated World*(《慢文化:加速世界中的社会减速》), pp. 43 – 46. 同样参见 C. J. Martin, 'The sharing economy: A pathway to sustainability or a nightmarish form of neoliberal capitalism?'(《共享经济:通往可持续的道路,还是新自由主义资本主义的噩梦形式?》), *Ecological Economics*, 121 (2016), pp. 149 – 159.

流银行体系的互助论，而协作消费发扬了该理论的渐进主义和双重权力思想，在某些方面已经被视为对资本主义市场的一种潜在威胁。① 基于道德和生态原则的平行交换网络的增加，不断对企业施加压力，促使它们不再依赖工厂的劳动力，并且承担生产的环境代价。如果有政策能够保护和巩固这些网络的存在，它们迟早会显著改变当前对市场和物质文化的看法，挑战关于"新事物"的大规模生产美学，鼓励车辆、工具和电器的共享和共有产权。有一个或许出人意料，但很有趣的例子：苏塞克斯郡刘易斯市的保守党议员玛丽亚·考尔菲德（Maria Caulfield）最近对查利（Chailey）村新开的一家"修补咖啡馆"表示欢迎：

> 在全世界，自告奋勇的专家们免费帮人修补物件，查利村的"修补咖啡馆"是这场运动的一分子。任何人都可以把家里坏掉的物件或要补的衣服带来，在等待的期间喝杯茶，吃块蛋糕。②

不过，在欢迎这种做法的同时，我们或许也要意识到，某种"精打细算"的态度，在一定程度上总是与某种家长制的保守主义（Toryism）交织在一起。如果某种共享经济和协作消费变得更加普遍和广泛，足以威胁到商业供给和贸易，那么它大概不会轻易被保守党认可。不过，与此相关的是，我们应该注

---

① L. Cox, 'The Sharing Economy'（《共享经济》）, *Disruption Hub*, 24 January 2017, disruptionhub.com; accessed 27 November 2018.
② 引自玛丽亚·考尔菲德选民的定期电子邮件，2018 年 12 月 1 日。

意到私营经济内部出现了一种回应,体现在最近的一些倡议中("自觉的资本主义""B企业""B团队""公平的资本"),它们承诺推行一种更加可持续的、不以利润为中心的商业模式。①

我想在本节结尾指出,在一个很特殊的意义上,"舍弃"可以被视为另类享乐主义的潜在来源。我指的是消费文化所引发的感官体验的丧失。提勃尔·西托夫斯基(Tibor Scitovsky)关于"无快乐的经济"的论点的缺陷在于,它对大规模生产的精英主义的谴责,导致了更多"头脑简单的"消费者和从众的选择,这种从众心理成为一种暴政。但是他令人信服地指出,虽然现代科技有种种好处,但它推动了一种标准化和统一性,压抑了创造性和标新立异的享乐。他同样令人信服地指出,赚取钱财和高舒适度,不等同于快感的提升:"无快乐的经济"不是享乐主义经济②。机器、升降电梯、电动扶梯、自动人行道减少了我们的能量消耗,代价却是阻碍了肌肉力量的施展,以及与之相伴的活力感。食物的餍足和过度供应造成了大量浪费:最近有报道称,2015年,英国普通家庭每年扔掉价值470英镑的食物(有孩子的家庭为700英镑)——这足以支付一个人的市政税③。集中供暖和空调确保负担得起的人们一直处

---

① consciouscapitalism. org; bcorporation. net; bteam. org; justcapital. com. 比较 O. Balch,'Good company: the capitalists putting purpose ahead of profit'(《好公司:把宗旨置于利润之上的企业家》), *Guardian*, 24 November 2019;比较 J. Henley,'How millions of French shoppers are rejecting cut-price capitalism'(《数百万法国购物者是如何拒绝打折资本主义?》), *Guardian*, 4 December 2019.

② T. Scitovsky, *The Joyless Economy*(《无快乐的经济》), Oxford: Oxford University Press, pp. 8-11, 62, 72f.

③ BBC Science & Environment,'Household food waste level "unacceptable"'(《家庭食物浪费水平"不可接受"》), 30 April 2017, bbc. co. uk; accessed 28 November 2018.

于"舒适区"，它们创造了千篇一律的关于舒适的概念和惯例，使得室内空间变得枯燥无味，降低了人们对季节变迁的敏感度（英国家庭的室温通常在 21—22℃，美国的室温夏天比冬天还低）①。

　　保护敏锐的感官不被舒适所钝化，是为了彰显享乐的复杂性和主观维度。但是，我们可以说，强烈的食欲——以及食欲最终满足的快感——只适用于饥饿、口渴或身体疲劳等生理需求的例子。因此，西托夫斯基的论点忽视了市场创造新的需求和刺激永不满足的欲望的非凡能力，以及与之相伴的一切食欲预期。柯林·坎贝尔把吃、喝、性爱的"传统享乐主义"与"现代享乐主义"进行对比。在传统享乐主义中，满足感很容易走向太过舒适所致的食欲不振。而现代享乐主义把快感作为生活目标，认为一切行为都可能带来快感②。虽然"无快乐经济"带来的轻易的按钮式舒适（push-button comfort）无疑会削弱我们的感官强度，但是，我们应该明白坎贝尔的论点也是对的：快乐不只是增加身体食欲的问题。尽管如此，捍卫消费主义、对抗禁欲主义批评者的坎贝尔等人似乎不愿意承认，用不那么资源密集型的方法来满足我们的各种欲求，也可能带来快感。为了承认这一点，我们首先——正如我在本书中提出的——敏锐地意识到在提倡高度消费主义文化的过程

---

① H. Chappell and E. Shove, 'Debating the future of comfort, environmental sustainability, energy consumption and the indoor environment'（《舒适度、环境可持续性、能源消耗和室内环境的未来》），*Building Research and Information*, 33 (1) January – February, 2005, pp. 32 – 40；比较 E. Shove, *Comfort, Cleanliness and Convenience*（《舒适、清洁与便利》），Oxford：Berg, 2003.

② C. Campbell, *The Romantic Ethic and the Spirit of Modern Consumerism*（《浪漫伦理与现代消费主义精神》），Oxford：Blackwell, 1987, pp. 58 – 70.

中我们已经失去或正在失去什么,意识到我们已经"舍弃"或即将舍弃什么。

舍弃后人类?

最严重的损失就是动植物的第六次大灭绝,因为这一损失引发了其他一切损失。2014 年,伊丽莎白·科尔伯特(Elizabeth Kolbert)在《第六次大灭绝》中估计,20% ~ 50%的物种可能在 21 世纪末灭绝[1]。地球生命力指数(伦敦动物学会为世界野生动物基金会制定的指数,使用了代表四千多种哺乳动物、鸟类、鱼类、爬行动物和两栖动物的 16704 个数据)表明各种群的数量在 1970—2014 年间平均下降了 60%,并且指出"野生动物的消亡仍在不断加剧"[2]。这一现象得到最近一份联合国报告的进一步证实,该报告指出,近年来主要的两份生物多样性协议——2002 年和 2010 年——未能阻止生物多样性的丧失,而这种丧失可能导致人类的灭绝[3]。

同样的,在这一点上,根深蒂固的消费习惯要负首要责任,特别是由于开荒(land clearance)和迎合市场的农业实践,我们的饮食高度依赖肉类。一项最近的分析表明,虽然肉类和奶制品只提供了 18% 的热量和 37% 的蛋白质,但它们的生产占用了绝大多数(83%)的农田,是野生动物灭绝的罪魁祸

① E. Kolbert, *The Sixth Extinction*: *An Unnatural History*(《第六次大灭绝:一段非自然的历史》), New York and London: Henry Holt and Company, 2014.

② Living Planet Report' for 2018 at wwf. org. uk; D. Carrington, 'Humanity has wiped out 60 per cent of animal populations since 1970, report finds'(《报告发现,人类自 1970 年以来已经消灭了 60%的动物种群》), *Guardian* 30 October 2018.

③ J. Watts, 'Stop biodiversity loss or we could face extinction, warns UN'(《联合国警告,阻止生物多样性丧失,否则人类可能面临灭绝》), *Guardian*, 3 November 2018.

首，并且产生了 60% 的农业温室气体排放①。以植物为主的饮食可以让全球碳排放减少 15% 以上，让动物不受涉农产业的消极影响，使得低强度的、更关心动物的耕作和渔猎方式不仅在经济上可行，而且成为一种积极的环境资产。素食主义——如今日益成为主流——自然会大大有助于减少涉农产业的碳排放。不过，在轮换制、永久牧场和保护性放牧的基础上，肉类和奶制品的生产也可以发挥很大作用，比如恢复土壤和生物多样性，以及促进碳的封存②（《科学》杂志的分析指出，事实上，我们即使只用素食取代肉类和乳制品生产中最有害的一半，也能获得抛弃全部肉类和乳制品的三分之二好处）。减少肉类的食用还能减少抗生素在牲畜中的使用，有利于抗生素在治疗人类疾病中的使用。

同样的，在其他领域，冲破当前消费习惯的桎梏，将会证明是对各方有利的。我们可以说，人类之外的其他动物对人类而言一直是至关重要的，无论是作为食物还是用于运输和娱乐。它们遭受的虐待与人类对它们的爱，一直是相互矛盾的。在消费文化中，供人类消费的工具性用途与作为宠物和伙伴的优越待遇之间的矛盾愈演愈烈。由于人与动物关系的

---

① J. Poore and T. Nemecek，'Reducing food's environmental impacts through producers and consumers'（《通过生产者和消费者减少食品的环境影响》），*Science*，vol. 360，issue 6392，1 June 2018，sciencemag. org. 同样参见 Food and Agriculture Organization of the United Nations，'Key facts and findings'（《主要事实与发现》），fao. org；accessed 15 November 2018. 比较 D. Carrington，'Avoiding meat and dairy is "single biggest way" to reduce your impact on Earth'（《不食用肉类和奶制品是减少对地球影响的"最好方式"》），*Guardian*，31 May 2018.

② 伊莎贝拉·特里反对人们把一切肉类生产妖魔化，参见 Isabella Tree，'If you want to save the world, veganism isn't the answer'（《如果你想拯救世界，素食主义不是答案》），*Guardian*，25 August 2018. 同样参见她关于在西萨塞克斯郡的克尼普庄园使用这种方法的影响的报告，*Wilding：The Return of Nature to a British Farm*，London：Picador，2018.

这两个层面都极度商业化,这种矛盾采取了新的(有时十分古怪的)形式。工厂养殖和动物实验,是工具性的物化愈演愈烈的两个例子。而市场上的豪华宠物食品、动物 SPA 护理、为天竺鼠设计的新娘面纱,以及镶钻的狗项圈,则体现了情感的维度。一种更少工具性、更关心其他动物的人与动物关系,既会设法避免在化学、制药和化妆品行业中进行动物试验,又有助于防止滥用其他动物进行体育和娱乐活动,或炫耀财富。这也将在一定程度上让我们所有人远离第六次大灭绝的恐怖。

德里克·马洪(Derek Mahon)最近的组诗《纽约时光》中的一首《布朗克斯海鸟》,很好地体现了人类与其他生物的矛盾关系:

内幕交易报告与债券价格息息相关

一筹莫展地看着核废料堆积如山

纽约使出浑身解数捱过寒冷的冬天

问题、现实、死亡卷土重来,猫头鹰加布里埃尔 141

美国电话电报公司、波音公司、克莱斯特公司、迪吉多、道琼斯公司

……

印加燕鸥和安第斯鸥立在窗台和栏杆上,

它们从布朗克斯动物园被风暴摧毁的笼子中逃走,

欢快地翱翔着,同时也越来越不安,

它们飞过扬克斯、新罗谢尔、大颈镇、阿斯托

利亚

　　长岛、雷德胡克、湾脊、整个"三州交界地带"，

　　灵魂四处奔走，目光如痴如狂，

　　它们穿过瞬息万变的云层，空气中是厚厚的

雪尘、

　　有毒的气溶胶和刺鼻的汽车尾气，

　　或者栖息在教堂的滴水兽和石棉屋顶上，

　　体态优美，身子蜷缩着，全神贯注地在高空中

　　听不到麦迪逊大道和第五大道上凄凉的出租车

喇叭声，

　　如同黛西所说的康纳德号上的夜莺，它们过着

另一种生活。

　　看着下面吃午饭的精明的芸芸众生，

　　它们先是好奇，再是困惑，最后是厌烦，

　　但它们也忐忑不安地注视着

　　无线电城音乐厅、百老汇歌剧院和时代广场

　　以及厚厚的云层。它们在世界能在何处容身？

　　它们"不会碰一下垃圾"，那么它们去哪里找

吃的？

　　如果你在窗台或窗框上看到这样一只局促的

鸟儿

　　（深蓝色、浅灰色、白色的头和尾巴、红色的喙），

　　联系曼哈顿鸟类复原中心，

　　号码是（212）689－3039，咨询克莱尔或吉尔。

　　虽然坦白说，它们没多大希望，

　　　　我们也没多大信心，

　　　　这些稀有物种不适合

　　　　与城里的海鸥、乌鸦和其他空中猛兽

　　　　在城市的街道上展开殊死斗争。

　　这首诗的背景是企业资本主义的支配地位，企业的交易
报告源源不断地产生，对人类和其他动物起到了决定性的作
用，同时也以多种方式对物质环境产生影响（城市建筑、核废
料、空气污染、汽车拥堵，等等）。但是，这首诗的核心主题是
海鸟的命运，它们由于一场风暴"逃"出动物园。我们可以把
海鸟的命运与气候变化及其人为因素联系起来（因为马洪在
其他诗歌中也谈到了这种联系，所以我们可以推测，他在本诗
中也有意提到人类在这种"自然"灾难中的作用）。可以说，这
些海鸟只是"逃"到一种极不确定的自由中，一种让它们面临
新的危险的自由中。它们过去在自然中的生活方式和它们所
栖居的自然界已经千疮百孔，它们只能期望在动物园中活下
去（哪怕无法发展壮大）。一旦摆脱了动物园，它们"在世上"
能在何处容身，去哪里繁衍生息？鉴于它们有独特的饮食习
惯，而且厌恶垃圾，它们还能指望吃什么东西？

　　因此，这首诗描绘了这样一种辩证法：资本主义在破坏了
带有"异域风情"的海鸟的自然生存条件后，又在动物园和鸟
类复原中心保护它们；它随后引发了新的"自然的"破坏力量
（一场至少部分归咎于人类的暴风雨）摧毁了动物园，让海鸟
欢快地翱翔在纽约的天际线上，但最终又把它们困在新的陌
生环境中。这首诗的结论是，在这种环境中，面对"城里的海

鸥、乌鸦和其他空中猛兽"的竞争，它们不太可能活下来。

人类在资本主义生产关系下被卷入一场生存之战，其中不可避免地有赢家和输家，而更贪婪和更幸运的人可能会胜出。同样的，这些海鸟也发现自己在一个陌生的环境中竞争，只有更具咄咄逼人、更冷血无私的人才可能活下来。我不是说，海鸟的遭遇，直接对应着人类社会及其财富和阶级不平等。我只是认为，人类和海鸟的一般生存条件都是由资本主义塑造的，如果没有这种经济形态，将是截然不同的。顺便说一下，我也没有暗示，动物的痛苦在资本主义模式下的痛苦一定比早期的生产模式更加深重。有人会说，它们在某些方面过得更好，免去了过去不得不忍受的许多折磨（鞭打马匹、嗾狗逗牛戏、斗鸡、用天鹅来清理烟囱，等等）。我们很难列举出每一项进步和退步，我也不打算这么做，我只想说明不同的社会、文化和经济以不同的方式影响了动物。即使资本主义让动物摆脱了其他痛苦，但它给动物施加了新的痛苦。虽然资本主义提供了鸟类复原中心，但也正是它首先造成鸟类濒危的局面，使得复原中心成为鸟类生存的必要条件。

马洪的诗歌也提供了对人与动物关系的一些有趣的讽刺性思考。海鸟们栖息在教堂的滴水兽和石棉屋顶上，看着下面的街道上拥堵的车辆和污浊的空气，它们感到"越来越不安"。在济慈的《夜莺颂》中，流亡中的露丝站在"异国的谷田里"时也许听到了夜莺的歌声。而马洪的诗歌引用了这句话，透露出一种对城市现实的浪漫主义批判。这些海鸟"过着另一种生活"，在它们看来，纽约人的生活是枯燥的、落后的，被内燃机的声音和烟雾支配的。与此同时，尊贵的"精明"食客在餐厅里狼吞虎咽,却没有看到他们错过的东西,没有看到他们充满污染和破坏的生存方式的乏味之处。因此,在这首诗中,非人类的视角有助于说明人类的快感是多么有限和微不足道,从而揭示出一种"另类享乐主义"。在一个后资本主义、后消费主义的生存秩序中,人类和其他动物都能享受到这种另类享乐主义。

第六章

重新思考繁荣

不能再谈论线性的、势不可挡的进步了，这种进步曾经让那些挑战以市场为基础的工业和消费主义秩序的人哑口无言，指责他们试图让我们回到过往的时代；从现在开始，地球及其所有生物的未来都岌岌可危。这种处处都是转折点的不确定的未来，完全不像过去两个世纪的意识形态学理论家（无论是自由主义者、社会民族主义者，还是马克思主义者）所承诺的光明的未来。

——博纳伊、弗雷索，《人类世的冲击》①

本章的出发点是蒂姆·杰克逊关于可持续的全球秩序的

---

① C. Bonneuil and J. -B. Fressoz, *The Shock of the Anthropocene*(《人类世的冲击》), p. 21.

宏观经济前提和社会前提的开创性论点,并且呼应了他的呼吁。为了满足这些经济前提和社会前提,杰克逊呼吁一种重新界定的"无增长的繁荣"①。本章的主要关注点是,在向一个不再依赖增长的经济和政治秩序过渡的过程中,重新构想进步、繁荣、发展和美好生活。

对于一场旨在促使公众支持公正和可持续的世界秩序的文化革命,一种新的繁荣政治是必不可少的。这种政治在某种程度上类似于早期浪漫派对现代性的憎恶(比如在爱尔兰关于传统和现代性的争论中所体现的那种憎恶)。不过,另类享乐主义对现代性及其表象的看法,抛弃了与传统派的抵抗文化相关的那种清教主义和社会保守主义;它既拒绝无限增长,也反对文化倒退。

对发展的构想

进步、现代化和发展的观念长期以来一直与经济扩张和工业化联系在一起,特别是在过去的 150 年里②。

这种做法为世俗化、社会解放和性解放以及其他进步的文化运动奠定了基础。但是,这种进步是建立在一种不公正的基础上的,这种不公正是我们在早期的经济模式中毫不犹豫地谴责的。阿尔夫·霍恩堡指出,虽然我们谈论"经济增

---

① T. Jackson,'Chasing Progress:Beyond Measuring Economic Growth'(《追求进步:超越对经济增长的衡量》),London:New Economics Foundation,2004;*Prosperity Without Growth*(《无增长的繁荣》),London:Sustainable Development Commission,2009.

② P. Victor,P. Victor,*Managing without Growth:Slower by Design,not Disaster*(《无增长的管理:通过计划而非灾难实现减速》),pp. 8 – 26.

长"和"发展"的术语是中性的或褒义的,但是,它们所创造的世界的特征是"越来越显著的不平等"①。

既然我们有迫切的环保理由来转向后增长的经济,那么,进步绝不能直接与(社会或个体的)物质和货币财富的增长联系在一起。相反,进步今后必须与对增长的批判联系起来,因为进步在提升集体福祉方面的效果是可疑的,而且它对不断扩张的消费文化的依赖是不可持续的。那些具有最不可持续的环境足迹的国家,其国民消费严重超过了地球的承载能力,我们不能再把这种消费模式作为发展中国家的榜样。事实上,我们可以说,不那么西方化和工业化的社会实行了更可持续、因而更进步的生活和生产模式②。

当然,西方的发展概念及其在新殖民主义加持下的出口,已经受到广泛的争论和质疑③。阿马蒂亚·森(Amartya Sen)及其追随者鲜明地指出,发展的主要目标应该是人类能力的扩展,而不是经济增长④。大卫·克拉克(David Clark)深化了森的观点并指出,增长可能是发展的必要条件,却不是发展的充分条件。他认为,从广义上讲,我们可以区分以增长为媒介

---

① A. Hornborg, Nature, Society and Justice in the Anthropocene: Unravelling the Money-Energy-Technology Complex(《人类世的自然、社会与正义:打破货币—能源—技术的联结》), p. 22; p. 18.

② 比较 J. Hickel, 'Forget "developing" poor countries, it's time to "de-develop" rich countries'(《别再想着让穷国"发展"了,是时候让富国"去发展"了》), Guardian, 23 September 2015.

③ D. A. Crocker, 'Towards development ethics'(《走向发展伦理学》), World Development (19) 5, 1991, pp. 457–483; W. Sachs ed., The Development Dictionary(《发展辞典》), London: Zed Books, 1992; D. Gasper and A. L. St Clair, eds, Development Ethics(《发展伦理学》), London: Ashgate, 2010.

④ A. Sen, Development as Freedom(《作为自由的发展》), Oxford: Oxford University Press, 1999, pp. 35–53.

的发展和以支持为导向的发展。前者通过高速和广泛的经济
增长来实现，它通过更高的就业率、更完善的繁荣和更好的社
会服务来促进基本能力的扩展。后者专门关注发展一些福利
项目，以支持健康、教育和社会保障①。

但是，能力进路（capabilities approach）很少谈论可持续
性。它通常认为增长是发展能持续下去的必要条件，根据西
方的自我完善模式与政治、经济和法律制度来设想发展本
身。例如，虽然玛莎·努斯鲍姆（Martha Nussbaum）认为"我
们不一定要通过生产来赢得他人的尊重……维系社会的是
一系列依恋和关切，它们只有少数与生产有关"②，但她同时
也提倡追求利润和经济增长的教育，并且谈论"经济繁荣所
需的技能"③。虽然罗伯特·莱恩（Robert Lane）承认到达一定
收入水平后经济增长不再能保证个人福祉的增进，但他认为
经济增长通过在健康和教育等领域提供集体产品而提升了幸
福④。可是，这种立场假定在一国内部获得这些商品的机会是
平等的，而且忽略了在国家财富积累中的全球剥削。

到目前为止，只有主张去增长是可持续生活的必要条件
的理论家和经济学家，强烈地质疑经济的持续增长与福祉的

---

① D. A. Clark ed., ' Capability Approach'（《能力进路》）, in D. A. Clark ed., *The Elgar Companion to Development Studies*（《埃尔加发展研究指南》）, Cheltenham: Edward Elgar, 2006, pp. 32 – 44.

② M. Nussbaum, *Frontiers of Justice*（《正义的前沿》）, Cambridge, MA: Harvard University Press, 2006, p. 160.

③ M. Nussbaum, *Not For Profit*（《告别功利》）, Princeton, NJ: Princeton University Press, 2010, p. 10.

④ R. Lane, *The Loss of Happiness in Market Democracies*（《市场民主制中幸福的流失》）, New Haven, CT and London: Yale University Press, 2000, p. 63.

增进的关联①。在谴责"发展的民族中心主义"与帝国主义的殖民化时,塞尔日·拉图什有力地呼吁人们反思这种关联,这种关联让南半球成为北半球的牺牲品,摧毁了南半球的自给自足②。在这里,我们应该提到阿尔夫·霍恩堡的论点:"主流的现代发展观念可以被视为一种文化幻觉,它混淆了社会空间中的优等位置与历史时间中的先进位置。"我们也应该提到对发展经济学的整体批判,它与世界体系分析和生态不平等交换研究有关③。我赞同这些学者呼吁对发展观念进行概念修正,并不是否认满足生存和福祉的基本需求以及缓解最贫困社区的压迫和痛苦的重要性④。但是,这种观点说明,增长本身与贫困的减少没有直接关系,与更公平的财富分配也没

----

① . 其中最有影响力的或许是罗伯特·古德兰与赫尔曼·戴利,他们区分了市场驱动的产出增长与质量提升意义上的"发展",参见 R. Goodland and H. Daly,'Environmental sustainability:Universal and Non-negotiable'(《环境的可持续性:普遍的和不容争辩的》), *Ecological Applications*, 6 (4), 1996, pp. 1002 - 1017. 同样参见 G. Kallis,'In Defence of Degrowth'(《捍卫增长》), pp. 873 - 880; G. Kallis, G. D'Alisa and F. Demaria, eds, *Degrowth*: *A Vocabulary*(《去增长辞典》); M. Büchs and M. Koch, *Postgrowth and Wellbeing*: *Challenges to Sustainable Welfare*(《后增长与福祉:可持续福利的挑战》), London:Palgrave, 2017, esp. pp. 57 - 88.

② S. Latouche, *Farewell to Growth*(《告别增长》), pp. 20 - 30, 61;同样参见 D. Belpomme, *Avant qu'il ne soit trop tard*(《现在还来得及》), Paris:Fayard, 2007 ,以及 2008 年创办的法国杂志《熵》(*Entropia*),at www. entropia-la-revue. org.

③ A. Hornborg,'Zero-sum world' Global Ecology and Unequal Exchange:Fetishism in a Zero-Sum World(《全球经济与不平交换:零和世界中的拜物教》), p.239. 最新的关于生态不平等交换的文献综述,参见 J. B. Foster and H. Holleman,'The theory of unequal ecological exchange: a Marx-Odum dialectic'(《不平等生态交换理论:一种马克思-奥德姆辩证法》), *Journal of Peasant Studies*, vol. 41 (2), 2014, pp.199 - 233.

④ M. Koch and M. Fritz,'Building the Eco-Social State:Do Welfare Regimes Matter?'(《创造福利—社会国家:福利制度有用吗?》), *Journal of Social Policy*, 43 (4), 2014, pp. 679 - 703;I. Gough, 'Climate Change and Sustainable Welfare: the Centrality of Human Needs'(《气候变化与可持续福利:人类需求的中心地位》), *Cambridge Journal of Economics*, 39 (5), 2015, pp. 1191 - 1214; M. Koch and H. Buch-Hansen,'Human needs, steady state and sustainable welfare'(《人类需求、稳定状态与可持续福利》), in M. Koch and O. Mont, eds, *Sustainability and the Political Economy of Welfare*(《可持续性与福利政治经济学》), London:Routledge, 2016, pp. 29 - 43.

有直接关系①。这种观点还挑战了以增长为主导的思维方式对社会进步和个体成就的观念垄断。

现代性的辩证法：爱尔兰的例子

想要进一步说明对发展观念进行重估的计划，我们可以考察传统的、较少现代化的（但往往是被殖民的）社会相对于都市和帝国的权力中心的一些表现方式。在爱尔兰，因为它依附于一个典型的现代国家，所以相对于盎格鲁文化的影响，盖尔文化被视为古老的或前现代的。因此，持有不同政治立场与文化取向的观察者，要么超越盖尔文化，要么保存盖尔文化②。后来成为爱尔兰自由邦首位总统的道格拉斯·海德（Douglas Hyde）在 1892 年的演讲《爱尔兰去英国化的必要性》中痛斥英国文化的影响③。1943 年，埃蒙·德·瓦莱拉（Éamon De Valera）在圣帕特里克节的演讲中庄严地称赞了充满"圣人和学者"的传统爱尔兰，一个以精神性而非经济或社会层面的现代性而闻名的地方：

---

① 参见本书第 41 页注释②；B. Milanovic, *Global Inequality and the Global Inequality Extraction Ration：The Story of the Past Two Decades*（《全球不平等与全球不平等提取率：过去二十年的故事》），Washington D.C., World Bank, 2009；'Statement by World Bank Group President Jim Yong Kim at Spring Meetings 2014 Opening Press Conference'（《世界银行行长金墉在 2014 年春季会议开幕式新闻发布会上的讲话》），*World Bank Group press release*, 10 April 2014. worldbank. org.

② J. Cleary, 'Ireland and Modernity'（《爱尔兰与现代性》），in J. Cleary and C. Connolly, eds, *Cambridge Companion to Modern Irish Culture*（《剑桥现代爱尔兰文化指南》），Cambridge：Cambridge University Press, 2005, p.3.

③ D. Hyde, 'The Necessity for De-Anglicising Ireland'（《爱尔兰去英国化的必要性》），delivered before the Irish National Literary Society in Dublin, 25 November 1892：thefuture. ie.

　　我们将拥有的完美的爱尔兰,我们梦寐以求的

爱尔兰,将是这样一群人的家园:他们认为物质财富

只是正确的生活的基础,他们满足于简朴的享受,把

闲暇奉献给精神事务……简而言之,它是过着上帝

所期许的生活的一群人的家园。①

　　同样的,虽然叶芝(W. B. Yeats)用更典雅和优美的词语表述这种理念,但他说爱尔兰摆脱了世俗现代性的普遍腐败,而且精神上对立于英国人的物质主义—中产阶级大众文化—正统基督教的罪恶的三位一体②。不过,虽然对传统虔诚的怀念是民族主义论点的重要修辞资源,但这种做法即使在 20 世纪初也是有争议的。有些人指责保护主义者对盖尔语爱尔兰的怀念承认了帝国主义的情感庇护,从而强化了英国的霸权③。詹姆斯-乔伊斯(James Joyce)、肖恩·奥法兰(Seán Ó'Faoláin)和已故的约翰·麦加恩(John McGahern)等作家以各种方式挑战了本土主义和传统主义的意识形态。

　　乔·克利里(Joe Cleary)如此评价这些有争议的和复杂的文化政治:

　　　　在过去的两个世纪里,政治经济学家们一直说

---

① Éamon De Valera's 1943 speech can be found online in the archives of RTÉ, which originally broadcast it: 'The Ireland That We Dreamed Of' at rte. ie.

② 比较 E. Nolan, 'Modernisation and the Irish Revival'(《现代化与爱尔兰复兴》), in J. Cleary and C. Connolly, eds, *Cambridge Companion to Modern Irish Culture*(《剑桥现代爱尔兰文化指南》), p. 158.

③ D. Kiberd, *Ulysses and Us: The Art of Everyday Living*(《尤利西斯与我们:日常生活的艺术》), London: Faber and Faber, 2009, pp. 45 – 48.

　　爱尔兰在许多方面偏离了西方世界眼中正常的资本主义发展道路……一直在争论，是爱尔兰没有正确对待政治经济学，还是政治经济学没有正确对待爱尔兰……讨论爱尔兰现代性的历史学和社会学研究常常演变成关于爱尔兰失败的现代化的长篇大论，演变成焦虑的思索，思索爱尔兰社会在哪些方面依然是"前现代的"或"非现代的"奇特场所，尽管爱尔兰就坐落在欧美现代性的高速公路上……但是在另一些人看来，这种奇特的落后性被重估和再造为爱尔兰最宝贵的资源……这个国家被视为欧洲主流的崇高的边缘地带……一个不属于世界、超越世界的地方，一个替代世界的地方。①

　　就像克利里随后指出的，作为"替代世界的地方"的爱尔兰的愿景，在独立几十年后就无人问津了。20世纪60年代后，爱尔兰开始寻求跨国公司的投资和欧共体的成员资格（它在1973年获得该资格）。这导致它在文化和经济层面与其他西欧国家日益趋同。不过，即使到了现在，爱尔兰或许依然被视为这个复杂的现代世界的一个可贵的避难所——"历史仿佛淹没在它的岩石海岸线、起伏的草原、雾气缭绕的山脉、沼泽地和荒野这些广为传颂的风景之中"，它悖论性地"既表现了孤独和隐居的浪漫乐趣，又表现了谈话、交际和邻里和睦的

———————
① J. Cleary and C. Connolly, eds, *Cambridge Companion to Modern Irish Culture*（《剑桥现代爱尔兰文化指南》），pp. 9–10.

传统美德"①。虽然它经常被漫画化(明信片上描绘了"上下班高峰期的爱尔兰"路上的牛羊),但其相对轻松的节奏相对于英国的状况是一种迷人的、"绿色的"进步②。

后来,在"凯尔特之虎"时期,出现了极端的经济去管制。汽车保有量和使用量迅速增长,臭名昭著的高速公路径直穿过塔拉山(Hill of Tara),伯蒂·埃亨(Bertie Ahern,1997—2008年的总理)将反对修路的意见斥责为"天鹅、蜗牛和挂在树上的人"③。爱尔兰非但没有走向更可持续的发展模式,反而将自己推到了"现代化"进程的最前沿,以适应资本主义全球市场的经济和社会层面的机会(及限制)。事实上,面对那些不久前还嘲笑它落后的商业中心,爱尔兰突然发现,它在新自由主义方面的进展大受欢迎。就像芬坦·奥图尔(Fintan O'Toole)说的,在很短的时间里,随着埃亨关于"爱尔兰发展模式"的演讲名声大噪,"全球化的爱尔兰经济本身成了一个全球品牌"④。

当然,结果证明这个时刻是短暂的:繁荣让位于衰退,"凯

①　J. Cleary and C. Connolly, eds, *Cambridge Companion to Modern Irish Culture*(《剑桥现代爱尔兰文化指南》), p. xiiv.

②　讽刺的是,"慢悠悠的"爱尔兰的商业潜力在 2008 年金融危机后反而得到了开发。2012 年,爱尔兰旅游局的网站上展示了一条略微复古的挤满羊群的乡间小路("没错,我们也有自己的交通难题……"),并且邀请参加伦敦奥运会的游客"逃离大城市的疯狂":"你不需要在拥挤的站台上等车。你不需要挤进蜿蜒的队伍。你不需要失去你的风度。你可以逃到一个满是空旷海滩与绿色原野的世界。一个满是蜿蜒的乡间小路与和善的面孔的世界。用新鲜的空气替代汽油的烟雾,用快乐的时光替代繁忙的日子。"比较 T. Eagleton, 'Irishness is for other people'(《爱尔兰是属于其他人的》), *London Review of Books*, 19 July 2012, pp. 27 – 28.

③　F. O'Toole, *Ship of Fools: How Stupidity and Corruption Sank the Celtic Tiger*(《愚人船:愚蠢和腐败如何淹死了凯尔特之虎》),London: Faber and Faber, 2009, p. 187.

④　F. O'Toole, *Ship of Fools: How Stupidity and Corruption Sank the Celtic Tiger*(《愚人船:愚蠢和腐败如何淹死了凯尔特之虎》), p. 8. 据说,艾琳·罗奇进行的案例研究,Eileen Roche, 'Riding the "Celtic Tiger"'(《驾驭凯尔特之虎》), *Harvard Business Review*, vol. 83, 11, pp. 39 – 52, 2005,被用来教育管理人员。

尔特之虎"时期的资本主义的愚蠢和腐败一览无余①。这段时期的另一个后果是,在富裕的精英阶层和其余人群之间产生了更大的鸿沟,而这种鸿沟早已出现在其他地方。在 1995—2006 年间,最富有的 1% 的人的财富增加了 750 亿欧元;它们拥有全国 20% 的财富,而最富有的 5% 的人拥有全国 40% 的财富②。

这一切都是众所周知的,它本质上遵循了资本主义繁荣和萧条的常规过程,这种过程所带来的物质遗存是全新却长期废弃的建筑物,以及建到一半的工程。这种遍布全球的"垃圾空间",遭受了建筑师雷姆·库哈斯(Rem Koolhaas)所说的阿尔茨海默症般的退化③。用大卫·哈维(David Harvey)的话说,它是一种资本主义的残留物,这种资本主义"在某个特定时刻创造了适合其自身条件的物质景观,却不得不在随后某个时刻(特别是在危机中)摧毁这一景观"④。

因此,爱尔兰的例子体现了一种经济和文化层面的演变,这种演变与我在这里倡导的对进步和现代性的概念重构密切相关。如果我们进入一个以这种概念重构为目标的过渡期,那么,被视为相对落后的国家(比如爱尔兰)可能就要重新定

① K. Allen, The Corporate Takeover of Ireland(《企业接管了爱尔兰》), Dublin: Irish Academic Press, 2007; *Ireland's Economic Crash: A Radical Agenda for Change*(《爱尔兰的经济崩盘:一次彻底的变革议程》), Dublin: The Liffey Press, 2007.

② F. O'Toole, *Ship of Fools: How Stupidity and Corruption Sank the Celtic Tiger*(《愚人船:愚蠢和腐败如何淹死了凯尔特之虎》), p. 102 – 105.

③ 引自 F. Jameson, 'Future City: Review of Rem Koolhaas, Project in the City and Guide to Shopping'(《未来城市:〈城市计划和购物指南〉一书书评》), New Left Review 21 (May – June), 2003.

④ D. Harvey, 'The Urban Process under Capitalism: A Framework for Analysis'(《资本主义下的都市进程:一个分析框架》), in *The Urban Experience*(《都市经验》), Oxford: Blackwell, 1989, p. 93.

位自己了。比起帝国主义列强或中心都市（它们使得落后国家变得边缘化和前现代）的过度发展，它们将会被视为更先进的①。乔·克利里以爱尔兰人联合会（United Irishmen）在 1793年起义中的角色为例，说明边缘国家有时可以充当"另类启蒙运动"的场所，其中各种关于现代的理念得到了智力上的检验、创造性的扩展、激进化和转变，并可能最终挪用在中心都市上②。这种观点，类似于詹姆斯·乔伊斯对他的祖国所错过的机会的猜想："如果我们被允许发展我们自己的文明，而不是这种强加给我们的、完全不适合我们的模仿英国的文明，可以想象我们可能创造出多么新颖、有趣的文明。"③［埃默尔·诺兰（Emer Nolan）在谈到乔伊斯的《尤利西斯》时说，它展示了"古老事物和前卫事物产生爆炸性、创造性的结合"的一种模式，而且它是一部"对现代的解放力量进行质疑和施加极大压力，而不是不加批判地接受它"的作品。④］

一种更清醒、更具精神性的消费模式？

在讨论向后增长的经济和政治秩序的必要过渡时，人们可能希望恢复某种清醒的消费和精神性的理想。在被殖民国

① J. Cleary and C. Connolly, eds, *Cambridge Companion to Modern Irish Culture*（《剑桥现代爱尔兰文化指南》）, Cambridge: Cambridge University Press, 2005, p. 6.
② J. Cleary and C. Connolly, eds, *Cambridge Companion to Modern Irish Culture*（《剑桥现代爱尔兰文化指南》）, Cambridge: Cambridge University Press, 2005, p. 6.
③ 引自 D. Kiberd, *Ulysses and Us: The Art of Everyday Living*（《尤利西斯与我们：日常生活的艺术》）, p. 33.
④ E. Nolan in J. Cleary and C. Connolly, eds, *Cambridge Companion to Modern Irish Culture*（《剑桥现代爱尔兰文化指南》）, p. 165. 我们在这里也可以看到，约翰·麦加恩的小说对农村—城市之分和过去—现在之分进行了丰富的辩证处理，参见 M. H. Ryle, 'John McGahern: Memory, Autobiography, Fiction, History'（《约翰·麦加恩：记忆、自传、小说、历史》）, *New Formations* (67), pp. 35–45.

家,传统生活方式的捍卫者们试图用这种理想来对抗殖民者的物质主义和商业化价值观。为了避免人们误解我的观点,我要在这里强调概念重构的作用,以及与流行的精神性概念的决裂。在思考这种转变的过程中最大的困难是,我们缺乏词汇来形容一种没有宗教、神秘主义或禁欲主义色彩的精神。反过来,只要对过度的物质主义消费进行批判,就会被认为是在倡导某种不那么复杂、没有太多感官享受的生存模式。自从托马斯·阿奎那区分了快感(delectatio)和喜悦(gaudium)——前者是其他动物也能享有的,后者专属于人类,只来自理性的运用——基督教就成了这方面的主要影响因素。这种区分带有基督教特有的、高度禁欲的色彩,因而各种各样的肉体满足,特别是性快感,都是不受欢迎的,应极力避免的①。从那以后,人们不仅认为精神活动的快感(特别是哲学思考)优于肉体的快感,而且认为肉体的快感配不上真正的人类灵魂,是以堕落到野兽的水平为代价的快感。虽然我已经说明消费社会的趋势是削弱或取代需求满足过程中的心理和精神维度,但这不是以牺牲感官层面的快感为代价来推崇思想层面的快感。事实上,这种思路不仅错误地分析了人类满足的性质,而且还助长了阶级和性别层面的精英主义,其危害依然无处不在②。从"另类享乐主义"的角度看,重要的区分不是在肉体快感与思维快感之间。不少迹象已经说明,我

---

① T. Aquinas, *Summa Theologica*(《神学大全》), Volume 20, Pleasure: 1a2ae. 31 - 39, Latin text, English translation, Introduction, Notes and Glossary, E. D'Arcy, Cambridge: Cambridge University Press, 2006.

② 比较 M. H. Ryle and K. Soper, *To Relish the Sublime? Culture and Self-realization in Postmodern Times*(《享受崇高? 后现代的文化与自我实现》), London: Verso, 2002, pp. 9 - 16; 23 - 29.

们很难做出这样的最终区分。在说明另类享乐主义在思考
"美好生活"方面带来的转变时,我的立场更像尼采对教士禁
欲主义的驳斥,而不是对情欲和欢聚的快感进行惩罚性的自
我放弃。我提到的任何乌托邦式的幸福意象,更多地属于批
判理论的传统,它强调感官快感的重要性,反对清教徒对所谓
"更低俗"的满足的蔑视①。

　　因此,在提到精神性时,我不是说一种更少索取的消费要
在宗教信仰或禁欲主义实践中找到基础,只是说它更少追求
对物品的囤积,更有社会和环保意识,更多地享受艺术、手工
艺、社交生活的快感。它的独特之处是强调被忽视的那些享
乐和放纵的(更外向、更慷慨、更欢聚、更不自恋的)来源。它
的独特之处不是培养禁欲主义传统中的那种内省和克己,这
种内省和克己影响了一些拒绝当代物质主义的人②。推崇更
具精神性的满足而不是商业贸易所提供的满足,是老生常谈。
毕竟,人们常常说更具精神性的满足恰恰是金钱买不到的东
西。在这个意义上,消费文化似乎不适合提供这些更深刻的
需求和欲望(或者人们通常认为最受欢迎的需求和欲望),而
且它只能部分地、不充分地弥补这一缺陷——通过把精神欲

---

① 比较 T. Adorno, *Prisms*(《棱镜》), trans. S. Weber, Cambridge MA: MIT Press,
1967, pp. 95 – 117;比较 *Minima Moralia: Reflections on a Damaged Life*(《道德底线:
对受损生活的反思》), trans. E. F. N. Jephcott, London: New Left Books, 1974 ,
pp. 155 – 157;比较 F. Jameson, *Late Marxism: Adorno, or, the Persistence of the
Dialectic*(《晚期马克思主义:阿多诺或辩证法的韧性》), London: Verso, 1990,
pp. 101 – 102; 115 – 116。

② C. Berry, *The Idea of Luxury: A Conceptual and Historical Investigation*(《奢侈的观念:一
项概念和历史研究》), Cambridge: Cambridge University Press, 1994, Part II, esp.
pp. 87 – 98;比较 P. Brown, 'Asceticism: Pagan and Christian'(《禁欲主义:异教与基
督教》), in A. Cameron and P. Garnsey, eds, *Cambridge Ancient History*(《剑桥古代
史》), vol. 13: The Late Empire, A. D. 337 – 425, Cambridge: Cambridge University
Press, 1998, pp. 601 – 631。

望扭曲成物质购买的形式。在另类享乐主义影响下转向精神的政策,将试图扭转这种不平衡,恢复消费文化的商品化逻辑所牺牲的直接精神福祉的来源(这些政策包括各种各样的举措:提供更多的闲暇时间,开辟土地作为社区园圃和公园,让人们更容易进入乡村,提供一个没有噪声的环境,提供独处的空间,让音乐、文学和艺术教育成为生活中更核心、更普遍、更持久的层面)。但是,对精神层面的关注,还需要尊重和改进一种独特的人类消费的审美和象征的层面,即使这个过程发生在满足感官和物质层面的需求和欲望的同时①。即使是在满足肉体需求(比如缓解饥饿)的过程中,消费社会的趋势也往往会削弱或降低其中更明显的仪式化(精神和审美)层面②。例如,食品越来越多地成为快捷食品,边走边吃,在做其他事情(比如上班或看电视)的同时独自享用。这就是米歇尔·韦勒贝克(Michel Houellebecq)的一些小说中描述的枯燥乏味的后现代饮食③。这种饮食所缺乏的,是吃饭作为一种欢聚的活动在安排时间、促进人与人的交流、为思想和身体的新陈代谢提供养料等方面的价值。因此,享乐主义进路会认为,根据其文化中介重要性的高低,根据这种文化中介的不同形式,我们更基本的身体需求,如对食物的需求,或多或少都可以与精

---

① K. Soper, *What is Nature? Culture, Politics and the Non-Human*(《什么是自然? 文化、政治与非人类》), p. 164 - 165.

② 关于食品消费,参见 M. Douglas and B. Isherwood, *The World of Goods: Towards an Anthropology of Consumption* (《食物的世界:走向一种消费人类学》), London: Routledge, 1996; P. Corrigan, The Sociology of Consumption(《消费社会学》), London: Sage, 1997, p. 18; A. Warde, *Consumption*(《消费》), 1997; A. Warde and L. Martens, 'Eating Out: Social Differentiation, Consumption and Pleasure'(《下馆子:社会分化、消费与快感》), *Journal of Consumer Policy*, vol. 25 (3 - 4), 2002, pp. 457 - 460.

③ M. Houellebecq, *Atomised*(《基本粒子》), London: Vintage, 2001; *Platform*(《站台》), London: Vintage, 2003.

神层面相适应。

按照这种思路,一种更具精神性的消费,可以提供关于什么是独特的人类繁荣的新思考。传统的消费主义观点认为,想要满足更多的基本需求或主要需求,就会涉及更精致和更奢华的物质满足。换句话说,想要不"光靠吃面包活着",就意味着"吃蛋糕"。有些人还假定,没有这种繁荣观念,经济就会一蹶不振,停止扩张。但是,只有我们以"物质主义—消费主义"的观点来理解繁荣和扩大基本需求的意义,我们才会像标准的自由主义经济学一样,担忧基本需求的稳定的、再生的供给的停滞效应(而不是质疑这种担忧)。如果我们与消费文化所产生的"提高生活标准"的想法决裂,那么我们就不会认为欲望或非基本需求始终是主要物质需求的延伸,或者是主要物质需求之上的更复杂、更耗费资源的构造,而是一种较少受物质束缚的成就感的来源。

一种适用于所有人的体面的生活标准,在原则上与促进人类的繁荣是一致的。这种繁荣就是欲望(或不那么基本的需求)的满足,只是这些欲望更少地关注有形商品,更多地指向精神层面的满足。此外,就像上文说的,如果我们接受了更加可再生的提供基本商品的模式,我们就可以享受更好的健康、更多的自由时间、更慢的生活节奏,从而提升从这些商品中获得的更直接的感官快感。

这种改变对于全球范围内的促进可持续消费的项目具有重要意义。如果我们让这一项目过分关注共同的和基本的人类需求的供给,那么我们就有可能忽视一个重要的事实,即富裕国家和"发展得很好的"国家的共同需求的满足会导致其他国家的贫困。因此,一种全球性的需求政治(politics of need)不仅要关注我们在基本需求上的共同点,而且要关注极其精致和奢侈的消费形式与其他群体的消费形式之间的因果关系。在前一种形式中,更加全球化的特权阶层满足了他们的"高级"需求,确保了他们富裕的生活方式。在后一种形式中,其他群体连最简单的基本需求的满足都被剥夺了,更不可能有资源为未来做准备①。

因此,对基本人类需求的普遍满足的追求必须与对人类繁荣概念的批判联系起来。这种繁荣概念是由新自由主义的市场所提倡的,我们现在应该根据它的有害后果重新思考它。如果世界上的更富裕的民族需要克制他们的物质欲望以确保社会公正和可持续的全球秩序,那么,保持对于物质消费的清醒意志的一个前提肯定是快感和享乐概念的改变②。

我上文提出的观点的一个明显推论是,市场社会盛行的对金钱和物质财富的狂热,不是人性的固有特征,而是某种程度上对于其他无形物品(爱、友谊、尊重、安全、正义、信任)的

---

① J. Martinez-Alier, 'Political ecology, distributional conflicts, and economic incommensurability'(《政治生态学、分配冲突与经济不相容性》), New Left Review9 (3), 1995, pp. 295 – 323; M. Redclift, Wasted: Counting the Costs of Global Consumption(《废品:计算全球消费的代价》), London: Earthscan, 1996; 'Sustainable Development (1987 – 2005): An oxymoron comes of age'(《可持续发展(1987—2005):一个矛盾的时代到来了》), Sustainable Development, 2005, 13, pp. 212 – 227; A. Dobson, Justice and the Environment(《正义与环境》), Oxford: Oxford University Press, 1998; A. Dobson ed., Fairness and Futurity: Essays on Sustainability and Justice(《公平与未来:关于可持续性与正义的论文》), Oxford: Oxford University Press, 1998; D. Miller, 'Social Justice and Environmental Goods'(《社会正义与环境利益》), in Fairness and Futurity: Essays on Sustainability and Justice(《公平与未来:关于可持续性与正义的论文》), pp. 151 – 172.

② K. Soper, 'A Theory of Human Needs'(《一种人类需求理论》), New Left Review, 197, January – February, 1993, pp. 113 – 128.

缺失的补偿①。但是，我也要强调，在金钱至上的社会中，获得这些无形物品的机会肯定是很不均衡的，对它们的首要地位的认识也是不均衡的。正因为如此，我们必须说，对金钱买不到的东西的欣赏本身就是一种特权：一种拥有其他特权（提供关爱和支持的家庭背景、高等教育，以及由此带来的自觉和自信）的特权。简而言之，虽然对金钱的迷恋在某些情况下可能归因于个人的病态，但它也是社会和经济不平等的结果。因此，在今天，任何试图用精神对抗商业，或者从旧的习惯中吸取新教训的做法，都需要切断进步和经济扩张的联系，同时纠正往往与经济落后相伴随的不平等、社会精英主义和宗教等级制。

让进步与经济增长脱钩：（i）性别与性观念

不同意我提出的社会进步和解放必须与经济增长脱钩的论点的人可能会强调，不断扩大的资本主义市场作为社会进步的工具是不可替代的，特别是在促进性别平等和性解放方面。我们想参考的工作和消费模式虽然在可持续性方面优于我们自己的文化，但是通常在性别关系和性观念上不是进步的（我们可以再次以爱尔兰为例）。事实上，现代女权主义运动确实诞生于资本主义社会。只有当资本主义强行打破旧有的家庭关系，让妇女（和儿童）从事"家庭范围以外"的工作，它

---

① 因此，我不认为这种狂热是一种道德上的失败，是没有认识到和追求更有价值的、精神上的满足。我也不认为，我们可以明确把它追溯到某种根本的、不可避免的精神分析成因。关于"金钱狂热"的有趣讨论，参见 A. Phillips, *Going Sane*（《保持理智》），London: Hamish Hamilton, 2005, pp. 187–214.

才为"家庭和两性关系的更高级的形式"奠定了基础[①]。女权主义者普遍赞同自由市场对于个体自主和自我实现的构想,推崇科学,特别是医学对于女性解放的作用。女权活动家利用西方的生物医学规范和健康标准,来保护其他社会的妇女免受割礼等虐待行为,保护她们不受无知和误判的医疗实践的影响。即使西方女权主义者对所谓普世人道主义所固有的大男子主义展开了内在的批判,她们也利用这种人道主义对女性需求和福利的跨文化理解,来批判其他文化的压抑和顽固[②]。

但是,这不意味着自由市场的影响是完全有益的,也不意味着它依然是一切进步的前提。我们可以承认西方科学和启蒙文化在推动性别解放方面的作用,但我们也应该注意到随之而来的经济秩序的负面影响。新自由主义社会如今试图让女性像男性一样完全服从工作文化[最近的一个例子是,国际货币基金组织总裁克里斯蒂娜·拉加德(Christine Lagarde)在庆祝 2019 年国际妇女节时发表讲话,呼吁更多女性走进职场,以促进经济增长和生产力][③]。女性也是购物中心文化的专门目标:对她们而言,买东西是一种据说可以实现自我价值的可靠途径。我们在第 5 章中指出,时装业提供了无穷无尽的廉价服装,已经说服了许多人养成了过度消费和穿了就丢的穿

---

① K. Marx, *Capital*(《资本论》), vol. 1, London: Lawrence & Wishart, 1974, p. 460. 比较 N. Power, *One Dimensional Woman*(《单向度的女人》), pp. 17 – 22.

② 比较 S. Alkire, 'Needs and Capabilities'(《需求与能力》), in S. Reader ed., *The Philosophy of Need*(《需求哲学》), Cambridge: Cambridge University Press, 2005, pp. 242 – 249.

③ L. Elliott, 'More women in the workplace could boost economy by 35%, says Christine Lagarde'(《克里斯蒂娜·拉加德说,更多女性走进职场可以促进经济增长和生产力》), *Guardian*, 1 March 2019.

着习惯。化妆品和整形手术也是一个急剧扩张的领域。"第三波"女权主义和"女孩力量"本身也为各种以消费者为目标的媒体干预、品牌开发和广告宣传创造了条件①。就像妮娜·鲍尔（Nina Power）说的，"几乎一切都成了'女权主义的'，购物是，钢管舞也是，甚至吃巧克力都是女权主义的……女权解放的愿望，开始变得等同于购买更多物品的愿望"②。女权主义者如今对某些对商业主义的批判的清教徒或性压抑色彩保持警惕，这是可以理解的。但是，称赞消费文化是自我塑造、性别操演和个人赋权的来源，会促使人们对购物世界中实际发生的事情感到自满：购物中心利用性别刻板印象来推销那些靠工厂的劳动力生产的商品，从而获取巨大利润③。在这个意义上，近来关于性别议题的运动，几乎没有触及经济权力的主导结构和体制，或者推动更绿色和更公平的思考人类繁荣的方式。它也没有挑战新自由主义的假设，即只有公共领域的有偿工作才算"真正的"工作。这种假设忽视了承担抚养子女和照顾老弱等无偿活动的人（依然大部分是女性）的无偿活

---

① "第三波"指的是 1980 年代后的女权主义，区别于 1960—1970 年代的"第二波"（以及 19 世纪末 20 世纪初的"第一波"）。我们如今可能看到印度和非洲对性暴力和压迫的反抗中出现的"第四波"。

② N. Power, *One Dimensional Woman*（《单向度的女人》）, pp. 27 - 28, 比较 p. 29 - 43.

③ V. de Grazie and E. Furlough, eds, The Sex of Things：Gender and Consumption in Historical Perspective（《事物的性别：历史视角下的性别与消费》）, Berkeley：University of California Press, 1996；M. Nava, *Changing Cultures: Feminism, Youth and Consumerism*（《改变文化：女权主义、青年与消费主义》）, London：Sage, 1992；H. Radner, *Shopping Around: Feminine Culture and the Pursuit of Pleasures*（《出去购物：女性的文化与快感的获取》）, New York：Routledge, 1995. 更具批判性的观点，参见 J. Littler, 'Gendering Anti-Consumerism：Alternative Genealogies, Consumer Whores and the Role of Ressentiment'（《把反消费主义性别化：另类的谱系、消费的娼妓与怨恨的作用》）, in K. Soper, M. H. Ryle and L. Thomas, eds, The Politics and Pleasures（《政治与快感》）, pp. 171 - 187；J. Littler, *Radical Consumption: Shopping for Change in Contemporary Culture*（《激进的消费：为当代文化的变革而购物》）；A. McRobbie, 'Young Women and Consumer Culture：An intervention'（《年轻女性与消费文化》）, *Cultural Studies*, vol. 22, 5, 2008, pp. 531 - 550.

动的巨大和必要的社会贡献,而且强化了现有的工作伦理和性别分工。南希·弗雷泽总结道:

> 女权主义者曾经批判追求功利的社会,现在却建议女性"往上爬"。这场曾经把社会团结放在首位的运动,现在却吹捧女性企业家。这种曾经看重"照护"和相互依赖的观念,现在却推崇个人成就和优绩主义。[1]

或者像妮娜·鲍尔说的:

> 当代女权主义的政治想象力已经枯竭了。自我实现和消费自由的活泼、欢快的讯息,掩盖了它面对工作和文化性质的重大转变的深深无力感。即使充满了欢快和兴奋,这种将个人身份置于一切之上的自吹自擂的女权主义,是一种单向度的女权主义……如果女权主义能摆脱其目前的帝国主义和消费主义色彩,它就能再次把重要的变革性政治诉求放在首位,彻底摆脱当前的单向度性。[2]

---

[1] N. Fraser, 'How feminism became capitalism's handmaiden—and how to reclaim it'(《女权主义如何成为资本主义的婢女,以及如何挽救女性主义》), *Guardian*, 14 October 2013,以及 N. Fraser, *Fortunes of Feminism: From State-Managed Capitalism to Neoliberal Crisis*(《女权主义的财富:从国家资本主义到新自由主义危机》), London: Verso, 2013.

[2] N. Power, *One Dimensional Woman*(《单向度的女人》), p. 69.

让进步与经济增长脱钩：(ii)富裕、健康与疾病

说到健康，质疑经济增长的好处似乎是反常的。但是，哪怕在这一点上，事情也不是简单的。GDP 的增长通常（虽然不是始终）与预期寿命的提高有关①。但是，人们普遍承认，第一世界的富裕生活在许多方面对富裕人群来说是适得其反的。生活方式导致的压力和缺乏锻炼、空气污染导致的疾病、愈演愈烈的精神健康问题、肥胖症和糖尿病，盛行于富裕社会。对于废品（尤其是塑料和电子垃圾）的处理和回收对从事这些脏活的人的健康产生了有毒的后果，他们主要生活在新兴工业化国家②。

在这种情况下，我们有两个理由质疑消费主义的"美好生活"模式的出口是否合适。在发展中国家推广这种模式可能比传统的供给模式更加不可持续，而且可能催生本质上不健康的生活方式。挪用西方化的繁荣观念导致印度和中国大规模地采用汽车出行，而不是骑自行车——更具讽刺意味的是，这种趋势发生在西方社会因为其对公众健康的不利影响而试图扭转它的时候。与中国人所谓的"财富弊端"（意思是在货币

---

① C. J. Ruhm, 'Are Recessions Good for Your Health?'（《经济衰退有利于健康吗?》），*The Quarterly Journal of Economics*, vol. 115, 2, 2000, pp. 617 – 650; J. Guo, 'The relationship between GDP and life expectancy isn't as simple as you might think'（《GDP 和预期寿命的关系不像你想象的那么简单》），report for World Economic Forum, 18 October 2016.

② A. Doron and R. Jeffrey, *Waste of a Nation: Garbage and Growth in India*（《一个国家的废品：印度的垃圾与增长》），Cambridge, MA: Harvard University Press, 2018; 'Where does all the e-waste go?'（《电子垃圾都去哪里了?》），Greenpeace East Asia, 22 February 2008.

层面上变得富有的坏处）有关的一个例子是,中国的肥胖率自
1990 年代以来大幅上升。中国卫生部在 2012 年估计,12 亿人口
中有 3 亿人超重,超重人数仅次于美国。糖尿病也越来越多,患
糖尿病的 14 岁以下儿童在过去的 25 年里增加了两倍[1]。现代
化的恶果,也明显体现在撒哈拉以南非洲许多国家的非传染
性疾病的泛滥。在艾滋病等现有的传染病的负担之外,非传
染性疾病的影响有可能让呼吸道感染、腹泻和结核病发病率
降低的好处一笔勾销[2]。2010 年,全球疾病负担数据库的研究
表明,在撒哈拉以南非洲,心脏病和糖尿病都位列十个主要死
因[3]之中。吸烟是另一个与现代化有关的健康威胁。因为人
们逐渐认识到吸烟的严重的健康后果,所以北半球的大多数
国家开始限制吸烟,迫使烟草业更努力地推广烟草,特别是在
南半球的中低收入国家中[4]。就像麦克·杰伊在关于烟草文
化史的有趣文章中指出的,这种现象反映了一种总体模式:本
身由欧洲的工业化导致的最有害的烟草使用形式,成了一些
国家常见的吸烟实践,而这些国家本来是以更仪式性、更安全

---

[1] P. French, 'Fat China: How are policymakers tackling rising obesity?'(《肥胖中国:政策制定者如何应对不断上升的肥胖症?》), *Guardian*, 12 February 2015.

[2] S. Dalal et al., 'Non-communicable diseases in sub-Saharan Africa: What we know now'(《撒哈拉以南非洲的非传染性疾病:我们现在知道什么》), *International Journal of Epidemiology*, 40 (4), 2011, pp. 885 – 901; R. Lozano et al., 'Global and regional mortality from 235 causes of death for 20 age groups in 1990 and 2010: A systematic analysis for the Global Burden of Disease Study'(《1990 年和 2010 年 20 个年龄组的 235 个死因的全球和地区死亡率》), *Lancet*, 380 (9859), 2012, pp. 2095 – 2128.

[3] S. Dalal et al., 'Non-communicable diseases in sub-Saharan Africa: What we know now'(《撒哈拉以南非洲的非传染性疾病:我们现在知道什么》), *International Journal of Epidemiology*, 40 (4), 2011, pp. 885 – 901.

[4] E. Sebrié and S. A. Glantz, 'The tobacco industry in developing countries'(《发展中国家的烟草业》), *British Medical Journal*, 332 (7537), 2006, pp. 313 – 314; 比较 Golam Mohiuddin Faruque, 'How big tobacco keeps cancer rates high in countries like mine'(《大烟草公司如何导致我们这些国家的癌症发病率居高不下?》), *Guardian*, 25 February 2019.

的方式使用烟草的①。

　　上述论证说明了一些趋势,这些趋势违背了主流的认为经济发展必然与健康改善有关的观点和主张。这些论证无法对这个显然非常复杂的研究领域进行详尽的解释,但是它们表明,我们有许多理由质疑经济现代化必然带来健康上的好处。虽然西方医学无疑有助于在全球范围内提升健康水平,但是,强制推行这种无视其他文化的规范和实践的生物医学模式,可能会损害过去以社区为基础的福利供给形式,或者在其他方面适得其反。

　　而且就像我说的,经济现代化自身导致了健康问题:消费文化及其发展模式所推崇的生活方式,绝对不是完全有利于身心健康的。如果我们明白市场自由主义如何既推动了曾经受压迫群体的自我实现,又扭曲或消除了另一种发展模式的可能性,那么我们就需要一种新的进步观念。即使这种进步观念捍卫了某些由西方主导的健康和福祉的标准,它也拒绝了主流现代化话语的消费主义,支持另类享乐主义的观点。

文化政治与另类享乐主义:"前卫的怀旧"

　　想要更辩证地理解繁荣概念,就必须用新的形式来表现过去和现在、传统和现代的关系:在取代陈腐的、进化论的历史观之后,致力于社会公正和环境资源更公平分配的去增长

---

① M. Jay, 'Shaman's Revenge? The birth, death and afterlife of our romance with tobacco' (《萨满的复仇? 我们与烟草的故事的开始、结束与来世》), mikejay. net.

思想,需要对新与旧的区分进行更复杂的叙述,并且超越不加批判的进步主义与挽歌式的怀旧之间的对立。这种思想会让某些形式的怀旧重新呈现出潜在的前卫性。

我在这里的主张与詹妮弗·拉迪诺(Jennifer Ladino)提出的"进步式"怀旧①有共同之处,在某些方面也类似于阿拉斯泰尔·博尼特(Alastair Bonnett)的说法。博尼特认为,怀旧最棘手也最有趣的地方在于,它使得现代性与非现代性、"真实"与"发明"的区别变得复杂。怀旧僭越和冒犯了现代性的傲慢,它既产生于不稳定的现代主体的反思和批判能力,又质疑这种反思和批判能力。因为怀旧"既置身于又对立于"现代性,所以它给我们开辟了空间,去质疑现代性,质疑某些力量和形式获得现代性地位的方式②。但是,比起最近的大多数文化理论家,我不太关心怀旧的具体特征、它在真实与虚构的冲突中的位置,或者它在文学中的呈现。我所谓的"前卫的怀旧"(显然是一个具有挑衅性的矛盾概念)的独特之处是批判的要素:它对于过去的回溯或哀叹试图复原过去的东西,不过是以改造和修正过的形式。换句话说,我提出这个概念,是为了描绘这样一种思维运动,它既记忆和哀悼了那些无法挽回的东西,又在纪念过程中获得了一种更复杂的政治智慧和能量。在这种回溯的形式中,一种绿色的复兴或超越从对于已经消失的事物的强烈感知中吸取力量,但是它有可

---

① J. Ladino, *Reclaiming Nostalgia: Longing for Nature in American Literature*(《重塑怀旧:美国文学中对自然的渴望》), Charlottesville and London: University of Virginia Press, 2012, pp. 11 – 12.

② A. Bonnett, *The Geography of Nostalgia*(《怀旧的地理学:现代性和失落的全球和地方视角》), p. 6. 同样参见 S. Boym, *The Future of Nostalgia*(《怀旧的未来》), New York: Basic Books, esp. pp. 3 – 32.

能以改头换面的、更少政治对立的、更持久的形式得到复原。
那些强调解放的未来与对过去事物的牢记的（消极的或更积
极的）关联的理论家，也坚持这种观点。就像西奥多·阿多
诺曾经说的：

> 　　只要被功利主义者扭曲了的进步还在伤害地球
> 表面，就不可能彻底反对（不管反对的证据有多少）
> 这种感知：更早的东西因为落后，所以更好，更人
> 道……如果说，和过去的审美关系被一种与该关系
> 同谋的反动倾向毒害了，那么将过去的一切都扫进
> 垃圾堆的那种非历史的审美意识也同样糟糕。没有
> 了历史记忆，就没有美了。①

　　这段话强调了"回头看"的重要性，即使它也承认"回头
看"是一种幻想，承认无中介地回归过去的经验是不可能和不
可行的。与阿多诺同属法兰克福学派的理论家赫伯特·马尔
库塞（Herbert Marcuse）指出："这个罗曼蒂克的前技术世界充
满着不幸、艰辛和污秽，而它们又是全部快乐和欢欣的背景。"
但是，就像他说的，那时还有着"风景，一个如今已不复存在的
力比多经验的媒介"②。雷蒙·威廉斯也让我们警惕"简单的
回头看"与父权式的怀旧形式，警惕"简单的进步主义冲动"与

---

① T. Adorno, *Aesthetic Theory*（《美学理论》）, trans. and ed., R. Hullot-Kentor, London：
Athlone, 1997［1970］, pp. 64 – 65.
② H. Marcuse, *One-Dimensional Man: Studies in the Ideology of Advanced Industrial Society*
（《单向度的人：发达工业社会意识形态研究》）, p. 73.

对工业进步不假思索的崇拜①。事实上,在后来的著作,特别是《走向 2000 年》中,他几乎承认,虽然社会主义它是在现代性的动力中产生的,但它似乎无法对进步提出恰当的批判:"在每一种激进主义中,对当下的任何批评都必须在过去和未来之间做出选择。"②"前卫的怀旧"在这一点上可以发挥作用,它突出和继续发扬人道主义的幸福和个人解放的观念,从而反思了过去的经验,同时又说明消费主义的以增长为动力的实现福祉的计划可能正在积极颠覆这种福祉③。

文化政治与另类享乐主义:"审美的重构"

上文所讨论的另类享乐主义的繁荣政治,将部分取决于对消费主义物质文化的审美反应的改变。这种改变包括对广告的效果和承诺的更广泛抵制,以及对消费文化所谓的吸引力和强制性的看法的更普遍转变。当然,我们无法保证这种改变一定会发生。如果它真的发生了,它将遵循文化变革的通常模式,审美的重构在其中将发挥重要作用。一种新的意义上的利己(self-interest)将会出现,它受到环保关切和关于可

---

① R. Williams, *The Country and the City*(《乡村与城市》), London:Hogarth, 1993 [1973], p. 184;36 - 37;比较 M. H. Ryle, 'The Past, the Future and the Golden Age'(《过去、未来与黄金时代》), in K. Soper, M. H. Ryle and L. Thomas, eds, *The Politics and Pleasures*(《政治与快感》), pp. 43 - 58. 比较 K. Soper, 'Neither the "Simple Backward Look" nor the "Simple Progressive Thrust": Eco-criticism and the Politics of Prosperity'(《既不是"简单的回头看",也不是"简单的进步主义冲动":生态批评与繁荣政治》), in H. Zapf, ed., *Handbook of Ecocriticism and Cultural Ecology*(《生态批评与文化生态学手册》), Berlin and Boston:De Gruyter, 2016, pp. 157 - 173.
② R. Williams, *Towards 2000*(《走向 2000 年》), p. 36.
③ 与此相关的是,博尼特讨论了在过去 20 年里怀旧如何在崛起的亚洲经济体中成为一股强大的经济和文化力量,参见 A. Bonnett, *The Geography of Nostalgia*(《怀旧的地理学:现代性和失落的全球和地方视角》), p. 11, and see pp. 73 - 96.

持续消费的讨论的强烈影响。

　　毕竟，自利不仅是追求需求和欲望，遵守规范和价值观，以及在特定的时刻占据主导地位。对自利的更充分的理解，需要更自觉、更复杂地参与这个时代，还需要改变审美反应和欲望。消费理论过分关注一种相当肤浅的自我改变的概念，它只强调"身份"的不稳定性，以及消费文化在"身份"不断的操演性重塑过程中的作用。它很少关注具有深刻反思性的、持久的关于个人需求的洞见，这些洞见在消费层面的影响，可能比（象征短暂的自我的）消费品和服务的观念更加复杂。

　　这种深刻变化的一个突出例子是女权主义带来的自我理解的转变，这场文化革命深刻而永久地影响了两性的生活方式，从而"提高了两性的意识"。因为个体对性别在自我塑造中的作用有了更高的认识，看到了性别在多大程度上由社会所建构，看到了性别的可变性，所以，他们进入了复杂的（而且往往是痛苦的）自我改变和"重构"的过程。这种过程可能涉及对情感和情绪反应的戏剧性修正：通过这种顿悟，生活经验世界的吸引力和排斥力经历了一种结构转换。过去具有性诱惑或美学吸引力的人物、物品、行为、实践，把它们的魅力转移到过去没有吸引力的事物上。

　　对于运用另类享乐主义的感觉和观看方式的过程中的感性演变，我们可以做一番类比。就像个体经过女性主义的中介改变了对她们的自我和愿望的构想，一种另类享乐主义的感性也会改变富裕的消费者的看法，在未来的几十年里在人们的情感反应和对利己的看法方面带来类似的巨大转变。任何这种结构转变的关键都是审美的瓦解与重构，因为曾经被疯狂追捧的商品、服务和生活方式逐渐被认为是笨重、丑陋、落后的，因为它们导致了不可持续的资源使用、噪声、毒性，以及不可回收的废品和废品出口。这里所说的重构，不是康德意义上的无功利的"纯粹"审美判断①，因为它与对快感和美好生活的普遍的重新思考密切相关，这种重新思考要通过一种"绿色复兴"来实现。对某个物体的道德关切与对它的真实信念之间存在着必然的关联②，同样的，对物质文化的信念与审美反应之间也存在着关联。如果你知道某物对你有害，那么你就会对它另眼相待。广告公司深知这一点，由此对不断变化的真理和信念做出回应。今天没人会用 1950 年代使用的画面来推销绿蝇杀虫剂：母亲、父亲和孩子向玫瑰花丛喷洒杀虫剂的烟雾③。在香烟广告被最终禁止之前，它们的画面很少与吸烟行为有关。汽车广告常常不可思议地描绘车辆在大自然中"踽踽独行"。

因为消费主义社会排泄的垃圾明显是恶心的，所以废品的意象有可能在审美反应走向绿色的过程中发挥重要作用。保罗·波诺米尼（Paul Bonomini）的"废电巨人"（Weee Man），与英国皇家艺术协会合作建造的一个重 300 吨、高 24 英尺的机器人，是用重量等同于人的一生所有的废弃电气和电子设

---

① 康德认为对美的判断是"无功利的"，因为这种判断不涉及任何对其效用或外在目的的关注。因此，审美判断可以得到普遍的赞同（即使事实上没有），它不同于合意的判断（比如对食物、服装的判断），后者不需要争论个人品位。参见 I. Kant, *Critique of Judgement*（《判断力批判》）, ed., W. S. Pluhar, London: Hackett, 1987［1790］, pp. 44 – 64.

② 比较 J. O'Neill, 'Humanism and Nature'（《人类主义与自然》）, *Radical Philosophy*, 66, 1994, p. 27.

③ 这样一幅画面，参见 A. Wilson, *The Making of the North American Landscape: From Disney to the Exxon Valdez*（《北美景观的形成：从迪士尼到埃克森·瓦尔迪兹号油轮》）, p. 99.

备(Waste Electrical and Electronic Equipment,Weee)的金属建造而成。它在 2005 年出现在伦敦的泰晤士河边,显然是为了引发一种反消费主义的审美转变①。近来关于塑料垃圾的图像乎对消费者的行为产生了一些影响,尽管它们目前没有改变政府对塑料垃圾的排放和出口政策②。

　　一种反消费主义的伦理和美学,不应该只关注重构快感和美好生活的观念的生态必要性,而且应该关注这种观念的享乐主义潜力。这种重构从生态政治的角度来看确实是必要的,不管它还有没有其他的好处。不过,我依然认为,即使消费主义市场有可能无限地维持下去,并将其统治扩展到整个地球(甚至地球之外),它也不会增加人类的快感或幸福。它将阻碍我们发现和发展满足物质需求的其他方式,以及快感和满足的其他来源。寻求这些"其他快感"并不违背欲望,而是完全符合欲望的。

---

① A. Akbar,'A 300 - ton solution to the problem of electronic waste'(《解决电子垃圾的一个 300 吨的方案》),*The Independent*,30 April 2005,p. 3. 该雕塑现在永久性地在康沃尔郡的"伊甸园计划"中展出。

② 比较 G. Monbiot,'Britain's dirty secret:the burning tyres choking India'(《英国的肮脏秘密:燃烧的轮胎呛死了印度》),*Guardian*,30 January 2019;S. Buranyi,'Plastic Backlash:What's Behind our Sudden Rage? And will it make a Difference?'(《塑料的反击:我们突然的愤怒背后的原因是什么? 它能否带来改变?》),*Guardian*,13 November 2018.

第七章

走向一种绿色复兴:文化革新与政治代表

我不希望你们心存希望。我希望你们感到恐慌。我希望你们感受到我每天感到的恐惧。然后我希望你们行动起来。

——"气候变化青年行动"创始人,15 岁的格蕾塔·通贝里(Greta Thunberg),致达沃斯集会的政治领袖和企业家,2019 年 1 月

科学家告诉我们,我们只有十多年的时间来扭转气候危机的局面。那时的我们甚至不到 30 岁。就像如今近 20 亿儿童的未来一样,我这辈子一望即知。

——来自新南威尔士州的 15 岁的休·亨特(Hugh Hunter),解释他将参与 2019 年 3 月 15 日罢工的原因

对生在这个时代的人而言,碳预算仅仅是前几代人的零头,这说明我们需要一种变革性的方法,把社会和经济正义放在应对气候危机计划的核心位置。

——来自"英国学生气候网络"的詹姆斯·伍迪埃(James Woodier),2019 年 4 月 1 日①

长期以来,世界各地的气候运动参与者一直坚持,只有激进的行动才能确保长远的生态福祉,尤其在过去两年里,行动变得刻不容缓。正如我前几章所论述的,我们需要在富裕社会中修正自己的思想和习惯,这将引发社会、文化和经济各个层面的波动。我们要加强国家的作用,减少社会不公。我们要加强衣、食、住、行、通信和娱乐等物质需求的再生产,而不是不断革新(并增加)商品和服务的供给。这种行动还会涉及许多其他因素:广告的信息与审美发生转变;就交通系统而言,以汽车、飞机为主的出行方式被火车、公交车、自行车、轮船和步行所取代;就生活方式而言,许多人的自由时间将大幅增加,甚至可能超过工作时间,人们可以前所未有地参加有利于环境可持续发展的智力与娱乐活动,而且这些活动的范围有所扩展。这种整体维度的绿色复兴不为任何一个社会团体或选区所"拥有"与追求,也不是一种打败对手的政治力量或观点的胜利。绿色复兴的实现将超越传统的党派政治的论

---

① 参见 D. Carrington,'Climate crisis: today's children face lives with tiny carbon footprints'(《气候危机:今天的孩子们将与微小的碳足迹生活在一起》), *Guardian*, 10 April 2019.

争,对一种新的、支配性的"常识"提出需求并推动其发展。

然而,传统的政治行动者及政治进程都不能担此重任。政治活动家、记者和学者可以对激进转型所需的基本经济前提、社会前提做出阐述。气候科学家和气候运动参与者可以为退耕还草、退耕还林、降低耗能、无车城市、过渡到以素食为主的日常饮食等提出艰巨的创新规划。然而,在缺少权力和压力的情况下,上述所作所为仍然是理论性的,我们需要将其转化为有效的实践,这意味着还得注意转型的潜在行动者及转型进程。在一定程度上,这是从国际层面改变正式政治进程的问题,以及国家政府对这种变革施加影响的问题。因此,这也是一个涉及议会代表,涉及政党政策、宣言、竞选,最终涉及哪些政党能够成功赢得选举并组建政府的问题。但是,这又回到了如下问题上:选民自身的形成过程、选民受到的文化影响,以及这些影响如何促成动机与行为的重大转变,从而为变革设置好新的任务。本章将讨论这些文化政治问题,特别是它们可能对英国造成的冲击及其余波。

在 2019 年春《卫报》关于"反抗灭绝"运动的文章中,诺瓦拉媒体(Novara Media)的联合创始人、高级编辑詹姆斯·巴特勒(James Butler)认为,我们用来控制排放的时间非常短,所以必须采用现有的工具实现转型,无论它们多么不完善,这些工具包括国家立法机构、国家机构和政党。他接着说,"反抗灭绝"运动

> 有三个值得称赞但尚不明确的目标——政府和
> 新闻界说实话、排放量清零、民主议会全程监督——

这让我想起了经典的政治问题。那就是，你明白要在哪里停止，但是没有中途的一步一脚印，你便无法走到那里。参与气候运动使我相信，只有在国家层面才能采取必要规模的行动。在英国，在所需的时间范围内，这将需要与唯一可行的政治力量（工党）进行合作，他们能够处理气候变化问题，同时对碳氢化合物行业采取强硬的直接举措。出于对失业和贫困的担忧，工会在环境问题上采取了许多倒退的立场。以上举措意味着向工会提出一个明确的决议，并促使工党澄清他们目前含糊不清的气候承诺，从公共采购中撤销化石燃料的投资。工党的支部与选区结构为气候运动提供了便利，把气候问题纳入英国的每场运动。

这样的提议会使许多抗议者感到不快，他们公正地看待工党历来处理气候问题的方式，对此心存疑虑甚至有些反感。但是，正如"反抗灭绝"运动所说的，情况过于紧迫，以至于他们无法采取其他措施。[1]

我主张的立场接近巴特勒的概述，我将详细说明他的一些主题，我同意工党可能最适合带头实施这项激进的纲领，它与绿党（也许还有其他党派）有望结成某种联盟。但我也将论证，任何"处理气候变化问题"的政党或政党联盟，必须将话语

---

[1] J. Butler, 'The Climate Crisis demands more than blocking roads, Extinction Rebellion'（《"反抗灭绝"运动说，气候危机需要的不仅是封锁道路》）, *Guardian*, 16 April 2019.

从逼近的恐惧中转移,转向不同的生活与消费方式所产生的乐趣,以此加强并扩大它们的吸引力。换句话说,我将尝试用另类享乐主义的文化想象与繁荣政治,对政党的干预和国家应对气候紧急状态的需求进行补充。

我接下来的论点围绕三个主要问题或关注点进行组织。谁最可能是绿色文化革新的拥护者和主导者,以及这种绿色革新如何在政治上更具效力?左派在发展这种有效的——最终是支配性的——绿色政治中可能扮演什么角色?本书提出了一种另类享乐主义的论点,它的哪些方面、哪些主题有可能在必要的政治论争中凸显出来?

走向文化革新:倡导者和主导者

为了回答上述第一个问题,我在前几章已经提出,西方富裕社会的消费者的担忧与不满已经表明,他们对新的经济与社会秩序充满渴望,即便这一点并未直接言明:他们对气候变化、水灾、火灾和大规模移民感到恐慌,并就这些灾难对子孙后代所产生的影响做出了可怕的预测,无论他们生活在哪里,他们都对土壤侵蚀、物种灭绝、无法管理的废物和空气污染深感担忧。我还认为,对消费主义生活方式,对它乏味的工作形式与时间支出,对交通拥堵、高压与病态的清醒认识,已经开始促成一种"感觉结构",这对重新思考繁荣和美好生活的另类享乐主义更加开放。① 除了这种一般的情感的变化,许多环

---

① R. Williams, *Marxism and Literature*(《马克思主义与文学》), p. 32. 关于"感觉结构"的定义,参见第 3 章第 页脚注。

保主义者和气候科学家，以及他们所属的各种监测组织和施压团体也发出了明确的呼声；越来越多的市民支持退耕还林和保护野生动物的项目并参与其中；最近，就普罗大众而言，"气候变化青年行动"和"反抗灭绝"运动的抗议与活动最具影响力；还有世界各地的许多其他政治组织，它们多年以来一直就气候变化、另类经济和可持续消费开展活动。这些话题是媒体和文学、电影、艺术作品与展览等诸多反思的对象，也是世界各地学术界争论与研究的对象（现在有一种日渐高涨的抗议呼声，要求停止增长并使经济治理彻底转变）。在英国，我们也可以注意到地方政府的关注（迄今为止，有一半的地方政府已经宣告了气候变化的紧急状态）。①

其中一些活动与进展可能会被指责过于"直接"、"地方主义"或"情绪化"：换句话说，属于尼克·斯尼塞克和亚历克斯·威廉姆斯提出的那种"民间政治"，这种政治目前垄断了左派的实践工作与想象工作。对他们而言，"民间政治"（在"占领"、西班牙的"15M"和"萨帕塔"等组织，以及政治地方主义、慢食运动、道德消费主义等诸如此类的运动中，他们发现了民间政治的踪迹）体现了"有可能削弱左派的战略假设，使其无法扩大规模，无法开创持久的变革或超越特定的利益"。他们认为，"民间政治"支配下的左派运动不但不可能成功，而且事实上也没有能力改造资本主义。② 我认可改造资本主义的重要性，就如何实现这一变化而言，我也认可需要进行战略

---

① 关于哪些政府宣布了紧急状态，以及行动的时间表，参见 climateemergency. uk.
② N. Srnicek and A. Williams, *Inventing the Future: Postcapitalism and a World Without Work*（《创造未来：没有工作的世界的后资本主义》），pp. 10 – 12.

性思考,但在我看来,斯尼塞克和威廉姆斯 对"民间政治"的
特质过于轻视。"民间政治"行动反对的是更大的系统性问题
的特定的或局部的表现,取消参与这些行动的直接性、激情与
意愿,就等于先消除了政治行动主义所需的大部分精力与动
力。这种反人类主义的、净化的政治版本还有一种风险,那就
是忽视了人们在日常经验中寻求变革的根本缘由,而且似乎
更有可能滋生静默,而不是召唤行动。"民间政治"通常能意
识到运动本身的局限性,它们对系统性批判提出补充而不是
反对,对此我们当然应该予以更多认可。例如,那些在当地参
与反对压裂技术的抗议的人,可能很清楚他们的行动范围有
限,但他们绝不同意把小规模的胜利描述为"被失败所抵
消了"。[1]

我对反压裂技术的抗议及类似的抗议活动持欢迎态度,
我不会对它们的贡献吹毛求疵。然而,毋庸置疑的是,就目前
的情况而言,我所提到的倡议形式,虽然可能在政治上更为有
效,但尚不全面,而且仍然被企业资本主义、极力支持企业资
本主义的媒体、公众的冷漠与敌意等反对力量所阻挠。就像
"反抗灭绝"运动、"碳简报"运动(Carbon Brief)、"气候运动"
(Climate Movement)中罢工的学生们、"未来父母"运动
(Parents for the Future),以及拒不生育的千禧一代最近以各种
方式指出的那样,几乎没有哪个国家或全球经济治理机构已

---

[1] 斯尼塞克和威廉姆斯评论道:"例如,英国各地的居民在特定情况下成功地动员起来,
以阻止当地医院停业。但是,这些真实的成功,被更大层面的破坏和私有化国家医疗
服务体系的计划所抵消了。同样的,进来的反压裂技术运动已经叫停了各地的钻井试
验,但是,政府仍在继续寻找页岩气资源,并支持公司寻找页岩气资源。"N. Srnicek
and A. Williams, *Inventing the Future: Postcapitalism and a World Without Work*(《创造未
来:没有工作的世界的后资本主义》),p. 16.

经准备好面对在不远的将来会接踵而至的真正大规模的变化。2019 年 11 月,超过 1.1 万名科学家为这一担忧发声,他们"清晰明了地"宣称"地球正面临气候紧急状态",对于确保一个可持续的未来,"我们的全球社会与自然生态系统互动的方式的重大转变"至关重要。他们还补充说,这种革新性的改变以及所有人共享的社会与经济正义,"有可能比因循守旧带来更大的人类福祉"。[①]

　　在英国,一方面,绿党长期呼吁将可持续的消费与对繁荣政治的新思考置于竞选活动的中心位置,并且一直敦促人们采取更多行动应对全球变暖。[②] 另一方面,在承认当前局势的紧迫性上,保守党和工党总是相当迟缓。在一些(属于"民间政治"类型的)备受瞩目的运动出现之前,英国的两大政党并没有就气候变化问题发表演说,也没有坚决主张应对气候变化必须先于其他一切。[③] 对于革新生产方式和消费模式的需求及其直接效用,两大政党都对公众三缄其口。保守党历来的做法尤其糟糕。尽管英国议会在 2019 年 5 月宣告了"气候紧急状态",但迄今为止,政府的政策并没有重大改变,政府仍然犹豫不决、自相矛盾,在大多数情况下,它只承认生物多样性、风能或太阳能的经济效益方面的绿色政策。在整个执政期间,保守党增加了对化石燃料公司的补贴,支持压裂技术和

---

① ‘World Scientists’ Warning of a Climate Emergency(《世界科学家对气候紧急状态的警告》)’, *Journal of Bioscience*, 5 November 2019.

② 下议院的卡罗琳·卢卡斯(Caroline Lucas)和上议院的珍妮·琼斯(Jenny Jones)都在 2019 年春天呼吁政府承认气候紧急状态。

③ 虽然工党领袖杰里米·科尔宾(Jeremy Corbyn)确实发表了一两次关于气候变化重要性的演讲,但媒体对此基本上没有报道。2019 年 4 月 23 日,他谈到罢工的学生,"他们受到保守党的部长的谴责,因为这些部长说他们应该学习……他们应该工作,他们不应该做所有这些……我只想对他们说,谢谢你们教育了我们所有人"。

机场扩建,削减了英格兰自然基金会(Natural England)的预算,并竭力鼓励开发商进行更多的开发,鼓励消费者进行更多的消费。① 根据政府的官方报告,英国 2010 年签署的环境目标本应在 2020 年实现,但现在几乎全无法兑现。② 英国脱欧对保守党的环境政策将产生的影响仍有待观察,但是,目前的迹象一点儿都不乐观。

最近,工党的立场更加慎重,更加一致,它目前宣言中所包含的政策,尽管可能遭到批评③,却更加进步。2019 年 4 月,工党支持"反抗灭绝"运动的抗议与要求,将其与宪章运动者、妇女参政权论者和反种族隔离运动者相提并论。影子内阁的卫生部长乔恩·阿什沃思(Jon Ashworth)同时承诺将气候变化当作工党健康福利政策的重点,并对基于这项问题的公民大会表示支持。④ 在第二次学生罢工之后,工党影子内阁的财务大臣克莱夫·刘易斯(Clive Lewis)与卡洛琳·卢卡斯一道提出了一项普通议员草案,该草案将迫使政府采纳美国民主党人最近提出的"绿色新政"(Green New Deal)的英国版本。

---

① 比较卡洛琳·卢卡斯对菲利普·哈蒙德的指责,Caroline Lucas, 'Wake up Philip Hammond. The climate crisis needs action not lip service'(《醒醒吧,菲利普·哈蒙德。气候危机需要的是行动而不是空谈》),*Guardian*, 14 March 2019. 工党承诺禁止一切压裂技术,它的分析表明,如果保守党政府的计划继续下去,大气中的二氧化碳排放量将相当于 2.86 亿辆汽车的终生排放量,或 29 座新建的煤炭—火力发电厂的排放量。参见 Matthew Taylor, "Fracking plan 'will release same CO2as 300m new cars'"(《压裂计划排放的二氧化碳讲相当于 3 亿辆新汽车》),*Observer*, 24 March 2019.

② D. Carrington and P. Wintour, 'UK will miss almost all its 2020 nature targets, says official report'(《官方报告称,英国无法实现它设定的 2020 年的环境目标》),Guardian, 22 March 2019.

③ 关于"红绿研究小组"对工党的环境政策的回应,参见 'Social justice and ecological disaster: Red Green Study Group comments'(《社会正义与生态灾难:红绿研究小组的评论》), 28 June 2018 at *People and Nature*, peopleandnature. wordpress. com.

④ M. Taylor, P. Walker, D. Gayle and M. Blackall, 'Labour endorses Extinction Rebellion after a week of protest'(《工党在一星期的抗议后支持"反抗灭绝"运动》),*Guardian*, 23 April 2019.

在当年晚些时候的会议上，工党通过了"绿色新政"。通过这种方式，工党增加了亚历山大·奥卡西奥-科尔特斯（Alexandria Ocasio-Cortez）和伯尼·桑德斯的总统竞选活动给美国施加的压力（现在其他国家也感受到了这种压力）。科尔特斯和桑德斯承诺实施解决贫困问题的纲领，同时在 2030 年前将碳排放量归零。然而，工党就如何实施这些政策尚未达成一致意见，它仍不确定能否在 2030 年的最后期限兑现承诺，而且它传达的信息大多仍是关于增长和就业的：它很少提及开创一种另类的繁荣政治。虽然在缩短工作周的政策上工党遥遥领先于保守党，但是，关于减少工作的个人与社会利益以及后消费主义的生活方式的好处，工党所言甚少。① 如果我们要确保生态化生存，哪怕是为了我们孩子的孩子，那么，我们应该要知道未来几十年内结束资本主义增长经济和不断扩张的 GDP 的重要性，但迄今为止，工党尚未对公众开诚布公。遗憾的是，在这个方面，工党仍然认为经济持续增长是必要的、有益的，它没有质疑这种惯常的态度，虽然这并不奇怪。正如阿尔夫·霍恩堡所感叹的："任何政治家主张低增长，要么是过于天真，要么是过于诚实，他们不太可能拥有政治前途。大多数人的希望与意愿仍然依赖于经济增长。因此，在可预见的未来，旨在去增长的政策不太可能与民主制度兼容。"② 媒体几乎不质疑我们只能通过增长来实现"希望与意愿"的假设。

---

① K. Mathieson, 'Labour scrambles to develop a British Green New Deal'（《工党争先恐后地提出英国版的"绿色新政"》），*Guardian*, 14 February 2019.

② A. Hornborg, *Nature, Society and Justice in the Anthropocene: Unravelling the Money-Energy-Technology Complex*（《人类世的自然、社会与正义：打破货币—能源—技术的联结》），p. 72.

在对英国和美国的 591 篇报纸文章的研究中,贾斯汀·刘易斯(Justin Lewis)和理查德·托马斯(Richard Thomas)发现,明确涉及发达国家在 2010—2011 年间的 10 个月的经济增长情况的文章中,只有七篇提到了增长对环境的影响,只有一篇(报道查尔斯王子的演讲)关注到了发展未能增进福祉。[①]

新的绿色经济与绿色政策:一种左派的项目?

各大党派都不愿在政治演说中超越传统的框架,基于现实政治的条件,这是可以理解的,但这并不意味着没有遗憾。之所以让人遗憾,是因为我们正在进入一个现实政治条件很快就会发生巨大变化的未来,而且在英国(和欧洲),代议制民主的正式进程是实现变革的唯一手段。我这样说,并不是否认重大的跨国协议和国家干预的重要性与潜在影响。但是这必然会引起消费类型和消费水平的重大变化,因此只有在公众充分支持的情况下,这些影响才能进一步发挥。各种以生态化生存的名义质疑现状,并设想新的繁荣政治的运动,需要发展有效的政党代表(最终,通过与其他国家中志同道合的政党结盟进行巩固)。在英国,我们不仅可以考虑从绿党那里寻求这种代表权,还可以着重考虑工党——正如詹姆斯·巴特

---

① 研究人员在总结他们的发现时写道:"在政治、金融和商业部门的广泛共识之中,样本中的一个关键声音是一名英国王室成员。这在许多方面是奇怪的,但它突出了其他人的明显缺席,尤其是批判性的经济学家、环境科学家和社会科学家,他们本应对增长的好处提出截然不同的看法。因此,例如,新经济基金会——其研究对增长模式提出了尖锐的批评——是完全缺席的。"J. Lewis, *Beyond Consumer Capitalism: Media and the Limits to Imagination*(《超越消费资本主义:媒体与想象力的局限》), Cambridge: Polity Press, 2013, pp. 126 – 127.

勒所倡导的那样，尽管工党至今不愿挑战关于进步与福祉的
主流构想。

　　有几个理由可以说明，为什么英国和欧洲的左派政党可
以承担在富裕社会开创真正有效的绿色经济与绿色政策的项
目，尽管它们至今没有采取行动。我将讨论三个问题。第一，
正如我多次指出的，如果不同时致力于减少并最终消除富裕
社会中巨大的社会经济不平等，我们就无法挽救生态环境。
更高程度的平等与社会公正一直是欧洲左派所宣称的目标
（目前英国工党也恢复了对这项纲领的支持）。第二，同样清
楚的是，资本主义最终——而且过不了多久——将与可持续
发展不兼容。为了将新自由主义的全球化资本主义置于社会
民主治理之下，全世界所有试图挽救气候变化局势的政党和
运动（尤其在欧洲和美国）现在必须把协调一致的跨国项目视
为头等大事。最终，我们必须设计并实施一种不依赖"增长"
的经济和金融秩序。社会主义政党最乐意，或曾经最乐意对
经济进行政治控制，这在英国工党于1945年后推行的国有化
与社会民主改革的纲领中也有先例。第三，很明显（从前面两
点可以看出），在地方、地区、民族和欧洲的层面，国家将不得
不领导并管理这一变革的大部分事项。同样的，"强国家"一
直与工党和社会主义纲领相关（英国工党也重申了该主张）。

　　然而，对这种将生态转型与左派政党联系起来的做法，我
们也有理由保持警惕。重要的是，我们要承认气候变化、物种
灭绝、有毒废料等方面的专家鉴定并不是"政治性的"，因为它
的有效性与先前的政治信念无关：它提出了一个根本性的挑
战，自由主义与保守主义的政治家和政治观念都必须对此做

出回应。左派有充分的理由怀疑，其他政治组织应对这一挑战的方式是否公平有效。它需要揭露目前对碳封存（carbon sequestration）或汽车电气化等措施的依赖的不足之处，揭露对人工地球工程的偏好背后的新自由主义思想，以及这种选择所带来的严重风险。① 毫无疑问，它也要对现在利用沙文主义和极右民粹主义重新抬头的生态法西斯论调表示坚决的反对。② 但是，它也必须为其他政党在未来几十年内推进生态变革的议程做好准备，甚至可能有时会在这些议程上进行合作。

对于左派是否准备好开创一种足以实现必要的总体转型的绿色繁荣政治，我心存疑虑，这还有一个原因，那就是（旧）左派的"夺权"项目的遗产，这与一个派系（或阶级、意识形态）战胜了另一派系相关。这种遗产最守旧的版本是继续致力于无产阶级革命的理念，而这一理念现在在左派内部存在广泛的争议。然而，对传统工人阶级的政治觉醒和行动主义的信心，或者至少强调工人阶级在政治上是唯一可接受的，或者是

---

① 有人认为，碳的低定价使得碳捕获和碳封存几乎无效。埃克森美孚公司估计，碳的定价要达到每吨 2000 美元，才能将全球变暖限制在，1.6 摄氏度以内。目前，碳的定价是每吨 10 美元左右，T. Vettese, 'To Freeze the Thames: Natural Geo-Engineering and Biodiversity'（《冻结泰晤士河：自然地球工程和生物多样性》），pp. 69 – 70. 同样参见 J. Burke, R. Byrnes and S. Frankhauser, 'How to price carbon to reach net-zero emissions in the UK'（《如何给碳定价才能在英国实现零排放》），LSE, Grantham Institute Policy Report, May 2019. 除了过度利用空间，电动汽车及其电池的制造会产生大量的碳排放，而且人们猜测它对钴的大量需求会导致前所未有的海底采矿，这对于海洋生物是毁灭性的。参见 BBC report, D. Shukam, 'Electric car future may depend on deep sea mining'（《电动汽车的未来可能取决于深海采矿》），19 November 2019. 关于人工地球工程的危险（向天空发射气溶胶以将阳光反射到太空等），参见 C. Hamilton, *Earthmasters: The Dawn of the Age of Climate Engineering*（《气候工程时代的黎明》），New Haven, CT: Yale University Press, 2013, pp. 74 – 84；P. Mirowski, *Never Let a Serious Crisis Go to Waste*（《不要让一场严重的危机白白浪费》），London and New York: Verso, pp. 325 – 358 (cit. T. Vettese, p. 64); cf. A. Malm, *The Progress of this Storm: Nature and Society in a Warming World*（《这场暴风雨的进展：变暖世界的自然与社会》），pp. 170 – 171；205 – 206

② J. Wilson, 'Eco-fascism is undergoing a revival in the fetid culture of the extreme right'（《生态法西斯主义正在极右翼的恶臭文化中复活》），*Guardian*, 20 March 2019.

普遍社会变革的可靠代理人,这种观点仍然受到广泛的支持。尽管这种观点经常被低估,但是在马克思主义关于转型政治的许多讨论中,这是一个根本的假设,而且它隐含在欧洲社会主义运动与政党对工人阶级问题的处理形式中。以工人阶级为主的选民的经济愿望及国内前景仍是英国工党目前的主要焦点。[①] 当然,工人阶级的利益必须在遏制资本主义不平等的必要尝试中处理,工人阶级将是其中的核心人物。但是,绿色社会和经济转型的理由与论据,不能按照某一阶级的利益得到充分或诚实的呈现。

此外,左派优先考虑工人阶级的政治价值和能动性的做法,与左派只关注生产作为反对资本主义的政治鼓动点的做法一致。雷蒙·威廉斯警告说,不要因为消费者运动是中产阶级的问题,就忽视或低估它的政治潜力:

> 作为社会秩序本身的结果,这些议题以这些方式被限定和折射出来。认为这些议题与工人阶级的核心问题无关,从而不管不顾,同样是荒谬的。工人最容易受到工业流程与环境破坏的危害。最需要新的妇女权利的正是工人阶级妇女……关于这些与地方的决定性关系有一定距离的议题,除非在日常场所中有严肃且详细的替代方案,从中产生核心意识,否则,任何运动都不可能完全有效。然而,正是在这

---

① 关于当前工党对社会主义国际主义议题的相对忽视,以及其"就业优先的英国退欧"的经济心态的批判,参见 J. Stafford and F. Sutcliffe-Braithwaite, 'Editorial—Work, Autonomy and Community'(《社论——工作、自治与社区》), *Renewal*, 27, 1, 2018.

些节点上,由于情理之中的历史原因,所有的替代性
政治都非常脆弱。[1]

但在大多数情况下,这种建议被置若罔闻,人们几乎不愿承认基于消费的行动主义的重要性。当然,我们需要牢记生产与消费相互依存的关系,以及一个层面的具体特征(和剥削模式)对另一个层面发生的事情有多大影响。这一点在第 3 章已经提到并讨论过。正如我们在第 4 章中看到的,消费主义生活方式的扩张与现代性的工作文化有深刻的联系,而且,这是近几十年来的"工作加消费"动态的根本原因。但是,把工人阶级视作反对现有经济秩序的唯一可行的行动者,或者坚持把生产车间当作鼓动生态社会主义的唯一潜在的有效场所,都是没有意义的。相反,工人阶级不太可能致力于任何绿色经济的发展(往往是因为他们的工作依赖于航空航天、汽车、国防和其他不太环保的行业)。大体上,劳工激进主义(Labour militancy)和工会活动局限于保护全球化资本的现有结构中的收入和雇员权利,而不是着手改变富裕文化的消费主义动态。这种压力更有可能以消费决定的形式出现,从而简化生活方式,并满足于物质负担较轻、工作驱动较少的生活方式:决定不买而不是买;决定抵制并绕开那些目前强大的跨国供应商的名牌产品;决定避开超市、连锁店和购物中心,只购买和投资那些确实符合道德、具有绿色资质的商品与服务。这种"能动性"将不再由特定阶级来行使,而是更加分散——

―――――――――

[1] R. Williams, *Towards 2000*(《走向 2000 年》), London: Chatto & Windus, 1983, p. 255.

尽管一开始,大多数反抗的消费者或许会来自更富裕的
阶层。①

在这种情况下,如果左派项目继续把基于生产场所的工
人激进主义视作变革的关键,或者其文化归属感过于关注工
人阶级,就很有可能越来越疏远本应共同对抗不受监管的企
业资本主义统治的人。至少,我们需要限定马克思主义中的
工人概念,他们是一个追求更普遍利益的"普世阶级",有时,
这种利益很可能与有组织的工人的直接目标与意愿及特殊利
益相冲突。

尽管如此,由左派领导的绿色复兴也需要认识到,在像英
国这样的国家中,收入的巨大差异阻碍了针对气候变化的有
效行动。从根本上来讲,任何确保可持续性的项目也是克服
不平等并保障更多经济安全的项目(如上所述,这在历史上一
直是左派的项目)。长期以来,富裕社会享有不公平的全球资
源份额,并留下了最高的碳足迹,显然,它们在采取迅速且彻
底的行动来应对气候变化上有特殊的责任。那些生活在贫困
中的人每天都在为生计奔波,他们不太可能高度重视生态运
动或绿色消费(即使他们有能力这样做)。他们还可能对所谓
的中产阶级的担忧抱有不满与不解,中产阶级的高收入不仅
伴随着更大的环境足迹,而且让他们的生活方式远离了机场、

---

① 乌尔里希·贝克等人也考察了从围绕基本物质需求供给组织起来的阶级政治向围绕
当代消费者的恐惧组织起来的大众"风险"政治的转变(虽然贝克倾向于强调工业污
染对我们的集体伤害,而不是我们在制造工业污染中的集体作用),U. Beck, *Risk
Society: Towards a New Modernity*(《风险社会:新的现代性之路》), trans. Mark Ritter,
London: Sage, 1992;比较 A. Giddens, *Modernity and Self-Identity: Self and Society in the
Late Modern Age*(《现代性与自我认同:现代晚期的自我与社会》), p. 109 - 143.

洪灾隐患、垃圾焚烧炉和污染的影响。① 这就是欧洲议会的左派团体网络一直为结束欧洲对增长的依赖而奔走的原因,现在,他们也提出了在新经济秩序转型期打击不平等的措施。在 2019 年,一封广为传播的征集签名的信件(《欧洲需要可持续与福祉的公约》)提出:"不平等一直在稳步提升,越来越多人感觉到了(税收)不公,这已经渗透到社会动荡和民粹主义中。法国的黄背心运动表明,如果没有公平的税收制度,就不能对污染征税。"这封信件继而呼吁将最高所得税率设定在 80% 以上,以重新分配给中低收入家庭;呼吁将航空旅行税用于资助更好的、低至零成本的公共交通;呼吁在源头征收累进的碳税和资源税,以重新分配;并呼吁为使用回收材料提供税收优惠。②

当英国所有的左派—绿色组织与全欧洲一道敦促政府引入可持续政策以减少经济不平等的时候,我们也要强调现在面临的环境危机的集体性质,以及它对商品化解决方案(commodifiable solutions)的抵制。清新的空气、肥沃的土壤、未污染的水域、不再过热的气候:这些更广泛的商品是生命与健康的基本条件,不能仅仅由富人享有,而任凭穷人的部分被

---

① 杰里米·科尔宾在 2019 年 3 月 3 日的演讲中强调的正是这一方面:"工人阶级社区忍受着最严重的污染和最差的空气质量。随着资源枯竭,工人阶级将失去工作。随着富人逃离不断上升的海平面,工薪阶层将被抛在后面。"

② 在欧洲议会召开后增长会议之际,该组织向欧盟成员国和机构发送了一封由 238 位学者签署的信函(并在欧洲媒体上广泛发表),呼吁结束对增长的依赖。紧随其后的是,关于可持续发展和福祉的倡议。关于这份报告,参见 'The EU needs a stability and wellbeing pact, not more growth: 238 academics call on the European Union and its member states to plan for a post-growth future in which human and ecological wellbeing is prioritised over GDP'(《欧盟需要一份关于稳定和福祉的协定,而不是更多的增长:238 位学者呼吁欧盟及其成员国开始规划人类和生态福祉优先于 GDP 的后增长未来》),*Guardian*,16 September 2018。

破坏（除了在更疯狂的科幻小说的噩梦之中）。未遭破坏的乡村，以及不受汽车干扰的步行与聚集的城市空间：这种快乐也不只是为某一特定阶级享有的，而且它不能通过购买个别商品得到满足。正是由于这些原因，社会主义者现在需要努力动员人们对自由市场体系进行跨阶级的抗争，因为自由市场体系在面对生态资源的绝对极限时开始否定每个人最基本的需求。[①] 气候紧急状态造成了这样一种局面：在呼吁更平等地享有消费文化的同时，必须重新思考消费本身；在承诺结束紧缩政策并优先考虑公平与经济安全的同时，必须承诺发展一种基于再生产而非不断扩大的物质生产的经济体系。

另类享乐主义的目标与手段

如果工党或左派政党联盟采取这样的政治纲领，它们就可以——并且需要——在英国推行这类前所未有的文化倡议。首先，它们必须开展一场公共对话（也许是以公民大会的方式，讨论经济活动的最终目的及其应该遵守的价值观）。[②] 这是为了用"目标辩论"的政治取代"手段争夺"的政治：英国政治中的主要政党基本上都在争论实现一系列基本一致的目标（经济增长、普遍就业、更高的工资、消费文化所定义的生活水平改善）的最佳方式，这样的时代走向了终结，而一种更适合我们时代的繁荣政治正在开创，这种政治中，我们

① 比较 K. Soper, *Troubled Pleasures*（《快感的烦恼》）, London：Verso, 1990, pp. 64－65
② 公民大会是从民众中随机选出的具有代表性的公民团体，对某个议题或一组议题进行了解，审议，建议。目前爱尔兰有一个公民大会，加拿大部分地区也举行了公民大会。关于更多的信息，参见 Citizensassembly.co.uk.

将根据生态危机、对消费主义的不满,以及对全球团结、福利、娱乐和美好生活的新思考,重新考虑这些目标。本书讨论过的几个主题都会出现在这一对话中,我在此重述一遍。

公民身份与消费

一方面,在推动这种"目标政治"的对话中,新的政党形态可以消除英国政治中更为隐蔽的撒切尔主义遗产,即消费与公民身份之间的区分,通过这种区分,公众首要的身份成了一群消费者(不仅仅消费商场里的商品,还消费一般的健康与福利保险和公共服务)。几十年来,在托利党和新工党政府的领导下,人们受制于一系列措施,这些措施旨在说服他们,作为消费者,他们也享有公民的权利(以商业担保等形式出现),而作为公民,他们的自由与关切最好通过行使消费者的选择权来表达。① 将行使公民权当作一种个体消费的形式,这种简化的表述需要被挑战与解构。它无法解释体育或文化中消费活动的流行程度,这些活动的吸引力在于为参与性和集体投入性提供契机。它还为大规模的设施私有化提供了言辞上的掩护,私有化的实际效果往往是使选择变得贫乏,并对福利服务的公平供给造成损害。②

---

① N. Fairclough, 'Conversationalisation of public discourse and the authority of the consumer' (《公共话语的对话化与消费者的权威》), and K. Walsh, 'Citizens, Charters and Contracts' (《公民、宪章与合同》), both in R. Keat, N. Whiteley and N. Abercrombie, eds, *The Authority of the Consumer* (《消费者的权威》), London and New York: Routledge, 1994, pp. 253 – 268 and 189 – 206.

② J. Clarke, 'A Consuming Public?' (《消费的公众?》), Lecture in the ESRC/AHRB Cultures of Consumption Series, Royal Society, 22 April 2004, included in Research Papers (phase 1 projects), 21 June 2004;同样参见 L. Segal, *Radical Happiness: Moments of Collective Joy* (《激进的幸福:集体快乐的时刻》), pp, 89 – 95.

另一方面,特别是在环保意识高涨的情况下,政府和政党最好承认日常消费行为——和不消费行为——具有政治面向,消费者的选择可以表达他的公民身份。消费者—公民在富裕的消费模式中逐渐感受到的焦虑与矛盾,以及这种焦虑为消费者实践带来的改变,应该得到承认和鼓励。另类享乐主义把消费者理解为反思性的、相对自主的行动者,他们的利己的需求也可以囊括集体利益。这种理解对绿色经济的左派项目而言至关重要,它将重新塑造消费,使消费成为共和主义者发展可持续生活的场所。就此看来,公民身份必然涉及的内容不仅仅是享有权利和持有护照,它还涉及对更广泛的社群的责任与关切,包括对子孙后代与这个星球的福祉的责任和关切。①

没有消费主义的福祉

我们必须肯定批判性与反对性的消费选择的重要性,并且在质疑与改变当前的社会经济秩序方面,促使另类享乐主义的祛魅发挥更广泛的作用,这些组成了对于另类政治经济的承诺。显然,受增长驱动的消费对气候变化产生了重大影响,但这并不是寻求替代方案的唯一原因。我们还应该强调消费主义对健康与福祉造成的许多负面影响,并质疑它带来的益处。

显而易见,我们先要遏制对地球破坏最严重的商品生产与服务生产(道路、停车场、跑道、城郊超市以及迅速过时的和

---

① 比较 J. O'Neill, in F. Trentmann and K. Soper, eds, *Citizenship and Consumption*(《公民身份与消费》), pp. 185 – 190.

一次性的商品)。我们要鼓励更多样化、更民主化的所有权形式,鼓励对生产和消费进行控制。左派—绿色的政治形态需要提出一个艰巨的文化项目,并支持这一项目,它蔑视并颠覆了广告所描述的繁荣与美好生活,从而开创一种不同的物质文化美学。这里的重点应该落在享受与节俭上,落在社会公正与生态良性消费的回报上,还要落在对既往习惯的限制上。这种文化政治不是发出反对消费的哀叹,而是说明消费主义的生活方式提供了太少而不是太多的健康与满足。它将为自己的主张寻求合法性,不是在一些所谓的关于"真实"需求的客观知识中寻求(只有精英的专家小组可以获得),而是在人们在颂扬消费主义生活方式时所感受到的矛盾中寻求。

工作的未来

目前的体系需要改变,不仅是因为它推动了环境破坏与全球不公正,还因为工作驱动的文化对时间支出与人们的生活造成了影响。正如我在第四章中论述的,后福特主义在劳动管理方面的创新,加上 IT 革命与越来越多的自动化办公,使许多人的工作生活变得更加不稳定,乏味,紧张与不安。工作场所中较少的正式等级关系,与新形式的公司主义和对忠诚的期望相伴随。对就业的强调导致了前所未有的自我商品化,而且教育课程也与职业密切相关。然而,一段时间以来,把工作视为获得个人尊严和实现自我的主要途径的观念一直在减弱。即使避免了零工经济中普遍存在的不安全感,人们还是会认为有偿工作导致了自我表达与个体成就感的减弱而不是增强。因此,在美国和欧洲,人们对"时间富足"产生了兴趣,并且形成了许多运动网络,把那些选择"慢活"并减少工作时间,选择更加可持续的生活方式的人联系起来。随着无止境的增长所面临的环境障碍越来越难以被克服,工作的未来越来越不确定,新的政治形态必须强调正在显现的机会,以享受更公平的社会和更轻松、多样、充实的生活。

我们需要拥抱"绿色新政",承认智能技术在发展后化石燃料经济中的重要性。但我也建议——与许多有影响力的左派论点相反——我们应该同时强调自动化的局限性,并捍卫较少受技术驱动的、密集型的、更有内在价值的工作种类的潜力。这包括了制造与行事相结合的方式,它以新出现的绿色技术来补充传统方法。更加手工化的作业方式也与公有制企业及合作组织兼容,在这些组织中,劳动力不用遵循减少劳动时间以牟取利润最大化的要求。这种更复杂的、对工作的潜在满足感的看法应该得到重新认识,它应该被视为前卫的生态社会主义政治想象的组成部分,而不应该被斥为停留在前现代社会关系中的"民间政治"。一种由普遍基本收入支持的后工作秩序,可以帮助而不是阻碍性别分工的瓦解。它可以改善社会经济结构和制度,消除而不是助长消费社会特有的收入与文化资本的巨大不平等。

重建与开拓公共空间

正如第五章所论述的,另类享乐主义的路径设想减少飞机出行,并且用自行车和步行取代汽车,尤其是在城市中。这种享乐主义要求生活方式更少地依赖长途旅行,并主张更便捷、更安全地进入本地的城市与农村空间。反过来,这又意味着减少对超市和购物中心的依赖,并给予独立的本地生产商更多支持。城镇和乡村都需要提供土地,用于建造经济适用的、可持续的住房,并让人们自己种植庄稼。所有这些都对公共空间的规划与发展,对空间使用的所有权或管治权有深远的意义。特别是在英国,要夺取这种管治权,需要所有新的政治形态做出坚定的努力。

正如彼得·赫瑟灵顿(Peter Hetherington)所指出的,这意味着要逆转最近的趋势:自 20 世纪 70 年代以来,有 200 万公顷的公共土地被开发,包括国家卫生系统的场地、城镇中珍贵的自留地和农业用地被出售,以资助现金短缺的议会。[①] 在这个过程中,普通公民以前享有的利益被牺牲了,而且还给所有环境改建方案制造了新的障碍。在伦敦和其他主要城市,全球资本不断涌入,开始改造城市空间,将老旧社区连根拔起,并为超级富豪提供"保险箱式的"地产,收回管治权将要求我们彻底反对新自由主义的发展政策。如果我们要抵制所谓的"公共空间私有化"(privately owned public spaces)的蔓延,我们也应该这么做,因为在经济压力下,市政规划者将控制权让给了私人开发商。这就是一些学者视为"城市圈地"的时代,它相当于 17—18 世纪的农村圈地。[②] 对这些"伪公共"空间的大多数批评都指向了公共使用规定的私密化、治安的社会卫生化、审美的企业化。但是,将它们从公共所有权中移除,也

---

① P. Hetherington, 'So 1% of the people own half of England. Inheritance tax could fix that'(《1%的人拥有半个英国。遗产税可以解决这个问题》), *Guardian*, 18 April 2019.

② 这些做法不遵循普通的地方机构的规章制度,而遵循受土地所有者制定并通常由私人保安公司执行的规定。参见 J. Shenker, 'Revealed: the insidious creep of pseudo-public space in London'(《解密:伦敦伪公共空间的暗中蔓延》), *Guardian*, 24 July 2017.

会使城市生活的绿色复兴所必需的空间与建筑改造复杂化，因此，我们需要根据上述理由对这些伪公共空间进行驳斥，并且尽可能地进行扭转。安娜·明顿（Anna Minton）主张所谓的"城市权利"，她最近写道：

> 任何时期的建筑，包括空间的生产，都反映了那个时期的社会经济力量，在这方面，伪公共空间的增长是新自由主义城市的一种表现……这种类型的发展并非不可避免：它是一个非常大西洋主义的模式，主要见于北美和英国，在欧洲并不常见，它涉及地方政府和私营行业的合作，这种合作实际上破坏了我们在城市中的民主权利。①

为了恢复对城市和农村空间的管治权，争取支持的第一步是增加透明度。正如盖伊·斯鲁伯索尔（Guy Shrubsole）在他最近的博客"谁是英格兰的主人？"中坚称的，公众需要了解长期以来被遮蔽的秘密：全国土地的所有权惊人地不平等，全国一半的土地被不到1%的人所拥有。只有5%的土地为户主所有，大约30%的土地属于贵族的财产，还有35%为企业、金融寡头和城市银行要员所拥有。英国公民闲逛的权利被限制在这片土地约10%的面积中，而大片土地被离岸避税地的空

---

① A. Minton, *Big Capital: Who is London For?*（《大资本：伦敦是谁的？》）, London：Allen Lane, 2017, chapter 6. 同样参见 A. Minton, *Ground Control, Fear and Happiness in the Twenty-First Century City*（《21世纪城市的地面控制、恐惧与幸福》）, London：Allen Lane, 2009, reissued with new material, 2012.

壳公司和信托公司所持有,这些公司享有税收补贴。[1]

因此,新的绿色—左派政党应该提供尽可能多的信息,说明这种所有权和管治权的模式如何限制了有益于环境的事情,如自行车道、园圃、进入城市和农村的途径。新的绿色—左派政党应该动员并鼓励基层的行动主义,寻求新的权力收回土地并决定土地的用途。[2] 在某些情况下,这可能只意味着重新启用旧的权力:斯鲁伯索尔就改革土地使用方式提出了十点计划,他建议我们再度启用被淡忘的法规,如每个人的"法定园圃权"(目前我们把十倍的土地用于高尔夫球场)。[3]

结　语

在这一章中,我重点讨论了政党政治、政治家和由国家主导的行动有可能发挥的作用。最后,我想总结一下,无论是作为绿色运动者,还是仅仅作为日常消费者,个体都做出了同样重要的贡献。根据"绿色和平"组织在 2019 年 4 月进行的民意调查,63%的英国人认为我们正处于气候紧急状态,76%的人说他们会通过不同的方式投票保护地球。[4] 如果是这样的

---

① G. Shrubsole, *Who Owns England? How We Lost Our Green and Pleasant Land and How to Take It Back*(《谁拥有英格兰? 我们如何失去我们的绿色舒适的土地以及如何夺回它》), London: Williams Collins, 2019. 比较 R. Evans 对 Shrubsole 的书评, *Guardian*, 17 April 2019.

② 影子内阁的部长对调查结果的重要性表示欢迎,并呼吁就这一问题进行全面辩论,他补充道:"土地所有权的急剧集中不可避免地提醒我们,我们的国家是为少数人而非多数人服务的。"参见 J. Shenker, 'Corbyn joins calls to reclaim pseudo-public space from corporate owners', Guardian, 25 July 2017.

③ T. Adams' review of *Who Owns England?*, *Observer*, 27 April 2019.

④ "绿色和平"组织的气候宣言,参见 greenpeace. org. uk. 比较 M. Taylor, 'Two-thirds of Britons agree planet is in a climate emergency'(《三分之二的英国人同意地球处于气候紧急状态》), *Guardian*, 30 April 2019.

话,他们也应该做好根据自己的观点采取行动的准备,并相应地重新思考自己的生活方式。例如,为什么63%的人没有尽其所能地减少汽车的使用?哪怕有一半的车主这样做,都会产生明显的影响。同样,可能有人会问,为什么大学仍在建造多层停车场来吸引将来的学生?为什么学生和潜在的学生(他们中的许多人很可能支持"反抗灭绝"运动)没有做更多的事情来揭露这种退步的政策?如果富裕社会中的人像他们所说的那样受到气候变化的困扰,那么毋庸置疑,他们不仅要改变自己的投票模式,还要承担自己的个人责任,并为此做些什么。

在此,我再次质疑许多左派人士,他们不愿承认个人的责任,不愿承认那些利润至上的企业的责任,这些企业满足了他们对于汽车、电话、白色家电和其他许多东西的需求,提供了运行这些东西的能源。热烈探讨技术乌托邦主义和"豪华共产主义",要比重新思考马克思主义对于富裕的承诺更加容易,要比追求新的克制与满足的形式更加容易。但是,正如我在书中各处所论述的,如果左派认为有必要对马克思主义关于无产阶级能动性的论述进行限定,那么他们就应该修改他们的乌托邦憧憬,承认加速主义愿景的虚妄性。当然,没有人真的认为,我们可以在一个或两个世纪里(更不用说在遥远的未来)继续保持目前的经济扩张与消费的速度。我们今日所需的繁荣政治,必须把快感和成就感与密集的消费、新的机器和设备的不断积累、太空旅行等(它们基于一种关于什么将构成全球可持续生活模式的不可行的假设)相分离。在这种情况下,生态社会主义者和马克思主义者必须推动关于美好生活的辩论,并指出工党运动需要重新规划其短期经济目标和环境政策。长远来看,这种规划与未来的工作、消费和人的满足感的愿景相一致,且不再依赖于持续增长。马克思主义传统的历史学家、政治评论家和活动家,需要加强他们对资本主义造成的剥削和环境破坏的分析力度,对可能的重建路线给予同样的关注。他们需要更多地谈论一种另类的政治经济,以及组织人类与自然关系的新方式(他们的批判蕴含了这种新方式的必要性)。他们还需要更加直言不讳地指出,在多大程度上,受技术驱动的生活方式以地球及其大多数居民的健康与福祉为代价,成为维持企业权力在全球的影响与管辖的主要手段。

在全球化的动态所决定的生活节奏中,国家经济的一体化带来了巨大的政治与统筹障碍,阻碍了我们对这种经济及其所倡导的生活方式进行遏制与扭转。但是,我们迫切需要以新的方式来思考繁荣及其目的,而且必须在某个地方开个头。或许,富裕社会,尤其是欧洲的富足社会,完全有能力带头创建一个新的秩序,并促成变革的政治意愿。如果他们这样做,他们可能会对经济增长的传统方式与目标进行更广泛的批判性评估,并着手纠正北欧与西欧国家的过度发展所导致的最严重的后果。

向可持续消费的转变,可能还需要(我知道这听起来很有争议性)更勇敢地挑战极端的、漠然的消费者的“政治不正确”。对人们糟蹋环境的消费习惯进行批判仍然很困难,而且,如果有人这样做,会面临很多尴尬处境。但是,鉴于第一世界的富裕所造成的气候破坏对其他更贫困的地区和子孙后代产生的影响，我们不清楚，在我们对种族主义、性别歧视、公然不民主的态度与行为提出批评的同时，为什么奢侈浪费的、污染环境的个体消费形式却免于这种批评。一种另类的繁荣政治以可持续的经济秩序为基础，我们应该把对这种繁荣政治的承诺看作解放项目的延续。如果我们对世界上穷人的福祉有一种普世的关切，对子孙后代的生活质量有一种关切，那么我们就必须为改变富裕社会中的工作、消费、享乐与自我实现的态度而努力。这种革新所要求的社会转型与个人觉悟的形式，与近代历史上的女权主义、反种族主义和反殖民主义运动类似。以此为志业的人们，将为改善自己与后代的生活做出贡献。

"同一颗星球"丛书书目